图书在版编目(CIP)数据

电磁的魔性／纸上魔方编绘. — 上海：上海科学技术文献出版社，2023
(让孩子爱上科学实验)
ISBN 978-7-5439-8839-2

Ⅰ.①电… Ⅱ.①纸… Ⅲ.①电磁学—儿童读物 Ⅳ.①O441-49

中国国家版本馆 CIP 数据核字(2023)第 087922 号

组稿编辑：张　树
责任编辑：王　珺

电磁的魔性

纸上魔方　编绘

*

上海科学技术文献出版社出版发行
(上海市长乐路 746 号　邮政编码 200040)
全　国　新　华　书　店　经　销
四川省南方印务有限公司印刷

*

开本 700×1000　1/16　印张 10　字数 200 000
2024 年 1 月第 1 版　2024 年 1 月第 1 次印刷
ISBN 978-7-5439-8839-2
定价:49.80 元
http://www.sstlp.com

版权所有，翻印必究。若有质量印装问题，请联系工厂调换。

前言

在生活中，你是否遇到过一些不可思议的问题？比如被敲击一下就会伸腿前踢的膝盖，怎么用力也无法折断的小木棍；你肯定还遇到过很多不解的问题，比如天空为什么是蓝色而不是黑色或者红色，为什么会有风雨雷电；当然，你也一定非常奇怪，为什么鸡蛋能够悬在水里，为什么用吸管就能喝到瓶子里的饮料……

我们想要了解这个神奇的世界，就一定要勇敢地通过实践取得真知，像探险家一样，脚踏实地去寻找你想要的那个答案。伟大的科学家爱因斯坦曾经说："学习知识要善于思考，思考，再思考。"除了思考之外，我们还需要动手实践，只有自己亲自动手获得的知识，才是真正属于自己的知识。如果你亲自动手，就

会发现膝跳反射和人直立行走时的重心有关，你也会知道小木棍之所以折不断，是因为用力的部位离受力点太远。当然，你也能够解释天空呈现蓝色的原因，以及风雨雷电出现的原因。

一切自然科学都是以实验为基础的，让小朋友从小养成自己动手做实验的好习惯，是非常有利于培养他们的科学素养的。在本套丛书中，读者将体验变身《化学魔法师》的乐趣，跟随作者走进《人体大发现》，通过实验认识到《光会搞怪》《水也会疯狂》，发现《植物有脾气》《动物真有趣》，探索《地理的秘密》《电磁的魔性》以及《天气变变变》的奥秘。这就是本套丛书包括的最主要的内容，它全面而详细地向你展示了一个多姿多彩的美妙世界。还在等什么呢，和我们一起在实验的世界中畅游吧！

目 录

"口渴"的塑料尺 / 1
漂亮的电火花 / 4
带电的方糖 / 7
电流的温度 / 10
"调皮"的纸屑 / 13
分分合合的气球 / 16
耀眼的"电火花" / 19
闪亮的测电螺丝刀 / 22

有趣的水果电池 / 25
磁场的方向 / 28
塑料袋点灯 / 31
电荷也怕火烧 / 34
静电的世外桃源 / 37
神奇的静电摆球 / 40
奇怪的报纸 / 43
魔力吸管 / 46

会跳舞的纸娃娃 / 49
能验电的小球 / 52
"昂首挺胸"的细绳丝 / 55
铁钉的"怪脾气" / 58
手指放电 / 61
"飞走"的胡椒粉 / 64
忽明忽暗的灯泡 / 67
电机转速的奥秘 / 70
灯泡为什么不亮 / 73

曲别针控制明灭 / 76

电流为何增强 / 79

导体和绝缘体 / 82

奇怪的水与油 / 85

绝缘体也导电 / 88

铁皮的魔力 / 91

铁屑形成的花纹 / 94

神秘的力量 / 97

"固执"的缝衣针 / 100

趣味钓"鱼" / 103

磁铁的力量 / 106

偏转的指针 / 109

摆动的缝衣针 / 112

汤匙"表演"的魔术 / 115

大头针排排队 / 118

浮起来的光碟 / 121

奇怪的磁铁 / 124

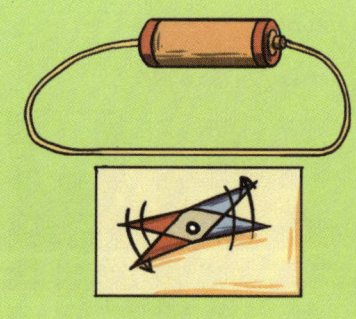

沙中淘宝 / 127

识别假币的专家 / 130

陀螺的空中杂技 / 133

挑食的鸭子 / 136

磁性传染病 / 139

直立的圆珠笔 / 142

磁铁切断以后 / 145

吸引回形针的铁钉 / 148

灯泡为何时亮时不亮 / 151

隔房传声的小话筒 / 153

"口渴"的塑料尺

需要准备的材料：
☆ 一把塑料尺
☆ 一块纯毛布料

◎ 实验开始：

1．来到水龙头前面，轻轻拧开水龙头，让水流出来。水龙头的开关不要开得太大，只让水形成细细的水流就可以了；

2．用纯毛的布用力地摩擦尺子10次左右，然后，迅速把尺子靠近水龙头下的水流。尺子靠水流可以近一些，但千万别碰到水。

◎ **有趣的发现：**

当尺子靠近水流时，水流会自动转弯，向尺子弯曲，然后再直着流下去。看上去，似乎尺子对水有一种无形的吸引力一般。

皮皮："水为什么会向着尺子的方问转弯呢？"

嘉嘉："难道尺子也会口渴，想要喝水吗？"

孔墨庄叔叔："尺子当然不会口渴，但它却能吸引水流使之弯曲。当我们用纯毛的布片摩擦尺子时，会使尺子带上电。带了电的物体会吸引不带电的物体，而从水龙头中流出的水正好是不带电的，因此，我们就看到了水流自己拐弯的奇异现象。"

地磁异常

一般来说，地球表面上地磁场的变化是很小的，但是在某些地区，地磁场可能会发生剧烈的变化，这就是所谓的地磁异常。如果我们发现某个地方出现地磁异常，就可以断定，这里的地下可能埋藏着大量的磁铁矿。1784年，俄国有个叫伊诺霍特切夫的人，在库尔斯克地区发现自己所带的磁罗盘总是向一侧倾斜，无法准确地显示出南北方向。这是碰到什么怪事了吗？他把磁罗盘与地面垂直，这时指针几乎垂直指向地面。根据这个线索，后来人们在这里发现了一个大铁矿。

有时，地磁异常也是即将发生地震的前兆。因为地震之前，由于地应力的加强，会使地球表面的磁场发生局部的异常变化。所以监视地磁场的变化，是地震预报的一项重要内容。

一天，老师正在理论课上讲解关于电与磁的知识。当引申到"磁道"这一概念的时候，老师突然发现皮皮正在打瞌睡，于是就叫醒他问："皮皮，你知道什么是磁道吗？"

皮皮揉了揉还没睡醒的眼睛，答道："迟到就是上课来晚了呗！"

漂亮的电火花

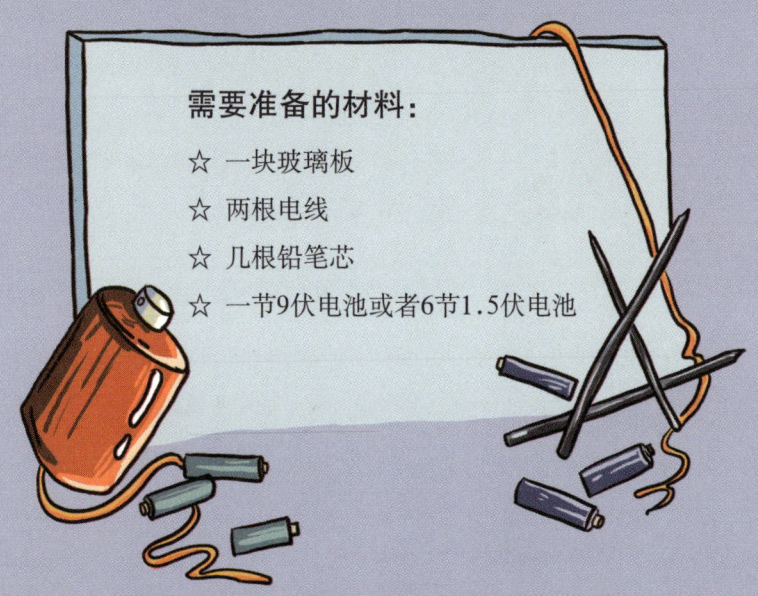

需要准备的材料：

☆ 一块玻璃板
☆ 两根电线
☆ 几根铅笔芯
☆ 一节9伏电池或者6节1.5伏电池

◎ 实验开始：

1．将铅笔芯研磨成细碳粉，在玻璃板上铺上长而窄的细碳粉；
2．把电池一端和细碳粉一端用一根电线相连；
3．关闭室内光源，用另一根电线连通电池和细碳粉的另一端，注意观察会发生什么现象。

◎**有趣的发现：**

此时细碳粉间就会产生一些跳跃的电火花，此起彼伏，十分好看。如果没有产生火花，可能是因为电压太低，细碳粉太多，需要增加电压。

皮皮："这些电火花是从哪里来的呢？"

孔墨庄叔叔："这是气体导电的结果。碳粉通电发热，产生了'蒸汽'，电流通过碳蒸汽产生电弧光，就形成了跳跃的电火花。我们常见的霓虹灯就是利用气体的这种导电性制造的。在灯管中充入这些的稀有气体，两端装上电极，电流通过不同稀有气体时，就会产生各种各样的电弧光。比如，氩气能发出蓝灰色的光、氖气能发出橘红色的光……"

气体导电

一般说来，干燥的空气是很好的绝缘体，是不导电的。但是，每当拉开电力负荷较大的电闸开关或者熔断器的熔丝烧断时，总会有电弧出现。电弧是强大的电流通过气体时产生的，这时的气体被击穿，变成了导体。这种电弧常把开关或熔断器的触头烧坏，大大影响这些设备切断电路的效能。

虽然我们上面说的因空气导电而出现的电弧是有害的，但气体导电也有着许多实际应用。例如，电弧焊接（电焊）就是气体导电的应用之一。电焊时，焊条和需要焊接的金属分别为两个电极。接上电源后，先让焊条和待焊的金属接触一下，然后分开，这样在两极之间就出现了强大的电弧。电弧产生的高温使金属熔化并被焊接起来。

丹丹所住的小区，因为变压器内部的线路被熔断了，停了两天电。等到变压器修好并通电以后，调查员挨家访问小区居民，询问通电以后他们的日常生活是否恢复了便利。轮到丹丹家的时候，丹丹对调查员说："非常感激你们，以后我找火柴来点蜡烛的时候，再也不必摸黑了。"

带电的方糖

需要准备的材料：
☆ 一间带窗帘的房间
☆ 两块方糖

◎ **实验开始：**

1．关掉房间内的光源，拉上窗帘，让眼睛适应黑暗；

2．取两块方糖，像擦火柴一样迅速摩擦两块方糖，或用一块敲击另一块，两块方糖碰撞的时候，你会看到什么？

◎ 有趣的发现：

你能看到微弱的光芒。

皮皮："两块方糖怎么会发光呢？"

孔墨庄叔叔："这是关于压电现象的游戏。人们在生活中发现，在某些晶体的表面上放置重物或施加压力后，晶体的表面上会产生电荷。于是，人们就形象地将这个现象称为压电效应（又称正压电效应）。糖的晶体结构就有这种特性。糖分子中存有化学能，敲击两块方糖时，压力的作用能将化学能转化为光能，因而我们能够看到火花。"

压电陶瓷

当你做饭的时候，只要把按钮轻轻一按，煤气灶便迅即燃起蓝色火焰，多么便捷呀。你知道吗？这其实是压电陶瓷在起作用。

压电陶瓷是一种能够将机械能和电能互相转换的先进陶瓷材料。沿一定的方向对陶瓷施加压力后，它的表面就会带电，这就把机械能转变成了电能。反之，给陶瓷片加交变电场的作用，陶瓷片就会发生形变，从而产生振动，即把电能转变成了机械能。

目前，压电陶瓷在电声、水声、超声、引燃、引爆等方面得到了广泛应用。医生把压电陶瓷做成的探头放在人体需要检查的部位，从屏幕上就能了解人体内部的情况。保温饭锅、电吹风、电熨斗、烫发器、空调、热风机都可用这种陶瓷元件自动控制温度。用压电陶瓷做成的电子动物玩具，还能发出模拟小狗、小猫的叫声。

皮皮在做实验的时候总是粗心大意，连连犯错，孔墨庄叔叔因为这件事批评过他好几次。这次，在做"带电的方糖"的实验时，皮皮又犯了错。

孔墨庄叔叔警告性地对他说："这是最后一次！"

皮皮惊喜地问："是不是你要调走了啊？"

电流的温度

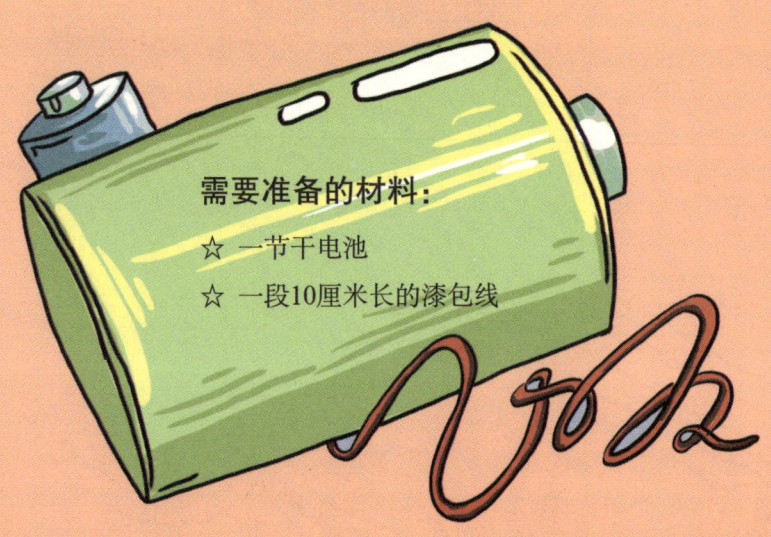

需要准备的材料：
☆ 一节干电池
☆ 一段10厘米长的漆包线

◎ **实验开始：**

1．做这个游戏，最好叫上一个小朋友和你一同进行。因为实验中需要敏锐的感觉，多一个人来进行游戏，可以帮助你获得正确的认识；

2．把漆包线的一端用右手的手指压在干电池比较平的底部，把漆包线的另一端用同一只手的另一根手指压在干电池的最顶部，这样就把电池的正负两极连接起来了；

3．现在，用左手的手指捏住漆包线的中部，过一会儿，你的手指会有什么感觉；

4．做完后，别讲出你的体会。让你的朋友来重复做一次以上的小实验，然后，请他讲出自己的感觉。

◎ **有趣的发现：**

当漆包线把电池正负极连接起来后不久，你握着漆包线中部的手指就会觉得到电线上有热的感觉。

丹丹："为什么会热啊？"

孔墨庄叔叔："因为电流通过一些物体时会产生热量。不过，电本身可是没有热量的，电的热量都是在它通过某种物体时产生的。这一点，一定要记清楚哦。"

电场消毒

电的作用很广泛，不仅可以给我们送来光明和热量，还可以杀灭细菌。如果在手术室或病房的天花板上放置一个电极，在地板上放置另一个电极，在两极之间加上2000伏左右的直流电压，那么房间里的细菌几乎都可以被消灭。如果你患有流行性感冒，只需在这样处理过的房间里待5小时，就可以马上康复。另外，用这种方法给油和肉类消毒，可以使它们在40天内不受细菌或霉菌的侵蚀。

科学家们还研制了一种电气消毒装置，可以用来杀死流动液体中的有害微生物。据报道，国外某面包公司曾利用这种消毒装置对糖、蜂蜜进行消毒，经消毒后的糖、蜂蜜的营养成分，并没有发生任何改变。

嘉嘉所在的小区准备整理电网，电要从20多千米外的电站接过来。嘉嘉提出了意见："天哪！如果晚上要等电从那么远的地方步行过来的话，那么得等到什么时候啊？"

"调皮"的纸屑

需要准备的材料：

☆ 一只碗
☆ 一堆碎纸屑
☆ 一把塑料小勺
☆ 一件羊毛衫

◎ 实验开始：

1. 在碗里放一些碎纸屑；
2. 拿一把塑料小勺在羊毛衫上摩擦几下；
3. 将塑料小勺放在碗口的上方，你会有什么样的发现呢？

A　　　　B　　　　C

◎**有趣的发现：**

你会发现碎纸屑争先恐后地粘到塑料小勺上。过了一会儿，碎纸屑又都蹦蹦跳跳地离开。

皮皮："碎纸屑怎么来了又走呢？"

孔墨庄叔叔："塑料小勺在羊毛衫上摩擦之后就会带上静电，而碎纸屑很轻，所以静电会把碎纸屑吸引到它的周围。但是过一会儿，塑料小勺上的电荷就会转移到碎纸屑上。这样碎纸屑和塑料小勺就带上了同样的电荷。因为异种电荷相互吸引，同种电荷相互排斥，所以碎纸屑又会蹦蹦跳跳地离开塑料小勺。"

静电除尘

在现代工业生产过程中，许许多多的灰尘浸入空气中，严重地污染了自然环境，还影响人的健康。于是人们利用各种措施来保护环境。静电除尘就是这些有效措施中的一种。

一天早上，丹丹在梳头的时候发现了一个奇怪的事情，无论她怎么梳理都不能使头发温顺地垂下来，总是黏在梳子上。于是她一上午都闷闷不乐，一直在思考这件事。孔墨庄叔叔见状就问她怎么回事，等她说完事情的经过，孔墨庄叔叔乐了："哈哈，你忘记了前几天我们做的那个'调皮'的小纸屑的试验啦？其实道理是一样的，都是静电效应！"

分分合合的气球

需要准备的材料:
☆ 两个气球
☆ 一根线绳
☆ 一块硬纸板

◎ 实验开始:

1. 将两个气球分别吹起,让气球鼓起来并在口上打结;
2. 用线将两个气球连接并挂起来,用头发在气球上摩擦,观察两个气球的变化;
3. 将硬纸板放在两个气球之间,再次观察两个气球的变化。

◎有趣的发现：

用头发在气球上摩擦，两个气球就分开了。在两个气球之间放一个硬纸板，气球就会向中间靠拢。

皮皮："这两个气球一会儿分开，一会儿靠拢，这是为什么呢？"

孔墨庄叔叔："当气球挂起来的时候，由于细绳的连接，它们会紧紧地靠在一起。当你用头发摩擦其中的一个气球，这个被摩擦的气球上的电荷就会改变。这样，被摩擦的气球上的电就会排斥另一个气球上的电，于是两个气球就会分离。当你把一张纸板插在分开的两个气球中间，被摩擦的那个气球的电荷就会释放到纸板上，因此，两个气球又会向纸板靠拢。"

静电口罩

静电口罩一般由静电滤布和塑料支架两部分组成。静电滤布是在二层纱布的中间放置过氯乙烯超细纤维。由于这种纤维带有负的静电荷,有一定的静电场强度,所以具有静电效应。另外,这种纤维的结构是一种无纺薄膜,孔隙非常微小,所以具有过滤细尘的良好效果。试验表明,工业生产中的粉尘和烟雾大都是带有电荷的(其电荷的性质视工艺条件而定),一般口罩仅能吸附带正电荷的微粒,而静电口罩由于结构上的特殊性,对空气中带正、负电荷的微粒都具有吸附作用,所以大大提高了防护的效果。

丹丹:"做完这个实验,我对电很感兴趣,我还发现电是看得见、摸得着的。"

皮皮:"你摸到电啦?"

丹丹:"我早上跟妈妈去磨面的时侯摸到了,足有一百多斤呢。"

皮皮:"那是电机,小孩子不能随便去摸。虽然你对电很感兴趣,但也要记住电是很危险的!"

耀眼的"电火花"

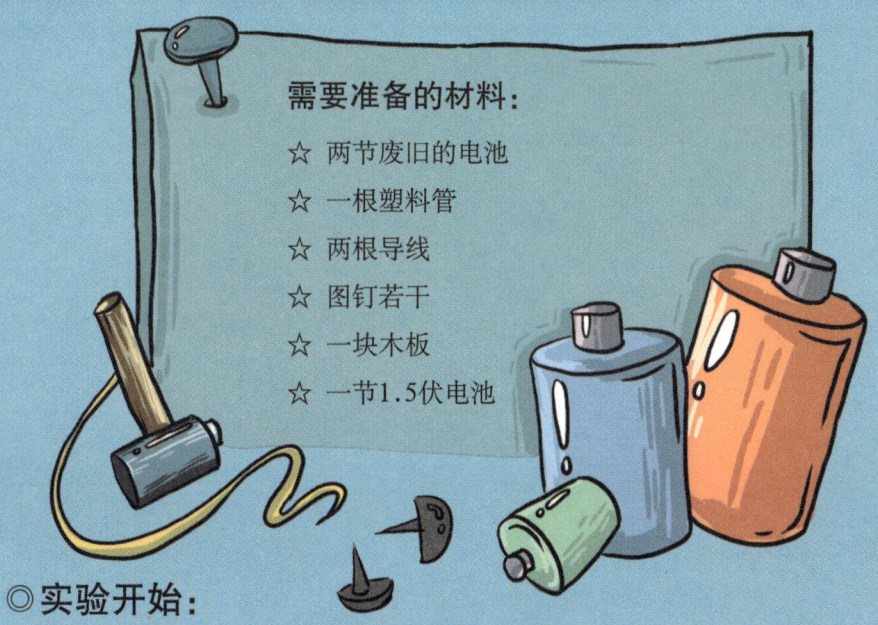

需要准备的材料：
☆ 两节废旧的电池
☆ 一根塑料管
☆ 两根导线
☆ 图钉若干
☆ 一块木板
☆ 一节1.5伏电池

◎ 实验开始：

1. 在爸爸妈妈的协助下拆解废旧电池，把废旧电池中的碳棒取出，然后把每一根碳棒的一端磨尖；

2. 将塑料管剪成两截，并把两个碳棒未被磨尖的一端分别固定进两截塑料管中，然后用图钉将两截插有碳棒的塑料管固定在木板上；

3. 使两个碳棒尖对尖，并几近接触；

4. 用导线分别把碳棒连接到一节1.5伏电池的正负极上，当接通电源时，你会发现什么？

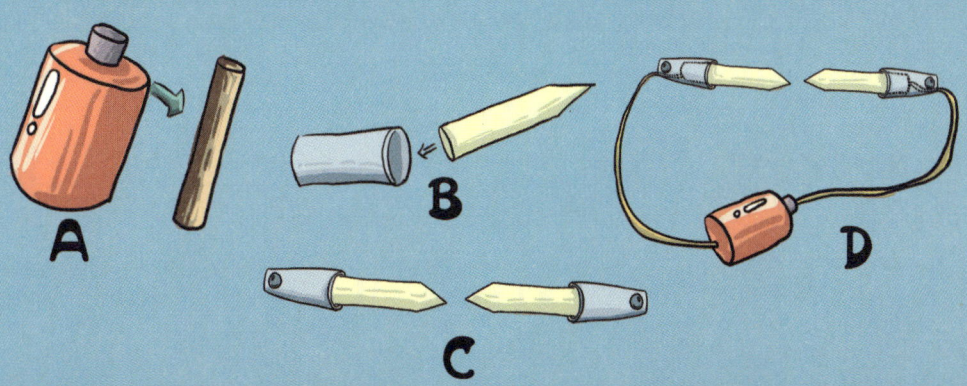

◎**有趣的发现：**

你会发现两个碳棒几近接触的尖端，会放出电火花。

皮皮："吓我一跳！"

嘉嘉："这电火花是怎么回事？"

孔墨庄叔叔："当接通电源时，这两根碳棒都在一个电路里，两个碳棒的尖端的正负两极之间电压上升，产生高压电弧，高压电弧发出了耀眼的光，并产生了高热。"

电焊光会"打眼睛"

电焊工人烧电焊的时候,总是电光闪闪,火星飞溅。眼睛触到这种光,就会感到火辣辣,严重的时候,眼睑还可能出现水泡,结膜水肿,这就是通常所说的"打了眼睛",学名叫作"电光性眼炎"。

为什么会得"电光性眼炎"呢?原来,在电焊的闪光中,含有大量对眼睛有害的紫外线,这些紫外线大约百分之八十可被角膜和结膜吸收。这样就使角膜和结膜组织发生变化而产生"电光性眼炎"。因此,作业时一定要戴上防护面罩或防护眼镜。如果不慎发生了"电光性眼炎",在症状比较轻的时候,可用毛巾冷敷眼,也可以滴上干净的鲜牛奶或者吃些止痛片。

做完试验后,嘉嘉在琢磨电源插头上的两个铁片。孔墨庄叔叔看见后,解释了一番,然后用期待的目光看着嘉嘉问:"你仔细看一下它的形状,应该插到哪里?"

嘉嘉眨着大眼睛,迷惑不解。孔墨庄叔叔又提示性地看了一眼插座,此时嘉嘉盯着孔墨庄叔叔的脸打量了一番,然后恍然大悟似的拿着插头就向着叔叔的鼻孔插去。

闪亮的测电螺丝刀

需要准备的材料：

☆ 一个气球
☆ 一件羊毛织物
☆ 一把测电螺丝刀
☆ 一个透明玻璃杯

◎ 实验开始：

1. 将测电螺丝刀尖朝上、柄朝下地插入玻璃杯，使之固定并竖立起来；

2. 在黑暗的房子里，或天黑时，把气球吹大并在气球口处打个结，用毛织物摩擦气球；

3. 手握气球接近测电螺丝刀的尖端，这时会出现什么现象？

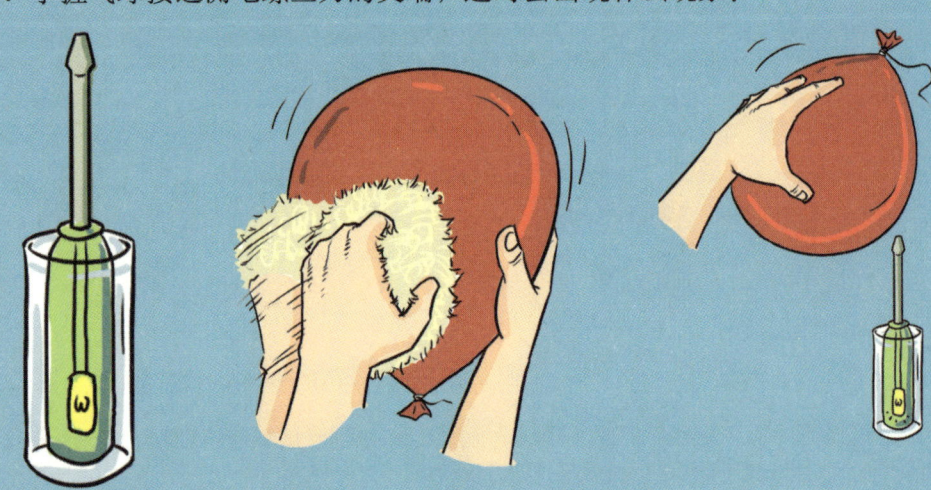

◎**有趣的发现：**
你会看到测电螺丝刀里的灯泡亮了。

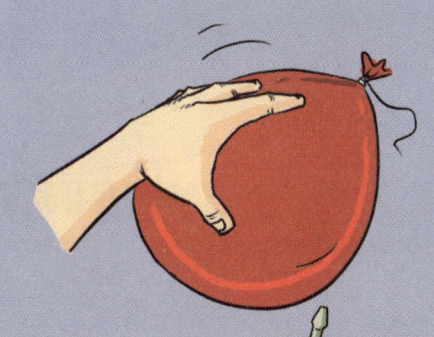

皮皮："测电螺丝刀里的灯泡为什么会亮？"

孔墨庄叔叔："因为如果一个物体带电，我们可以用仪器和工具检测出来，常用的测电的工具有测电笔、万用表、测电表。测电螺丝刀是一种常见的测电笔，它对用皮毛摩擦气球产生的静电现象也会有反应。所以，测电螺丝刀里的灯泡才会亮。"

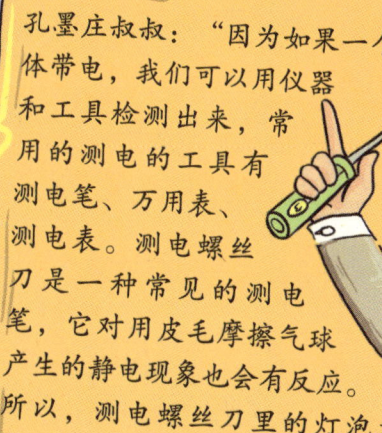

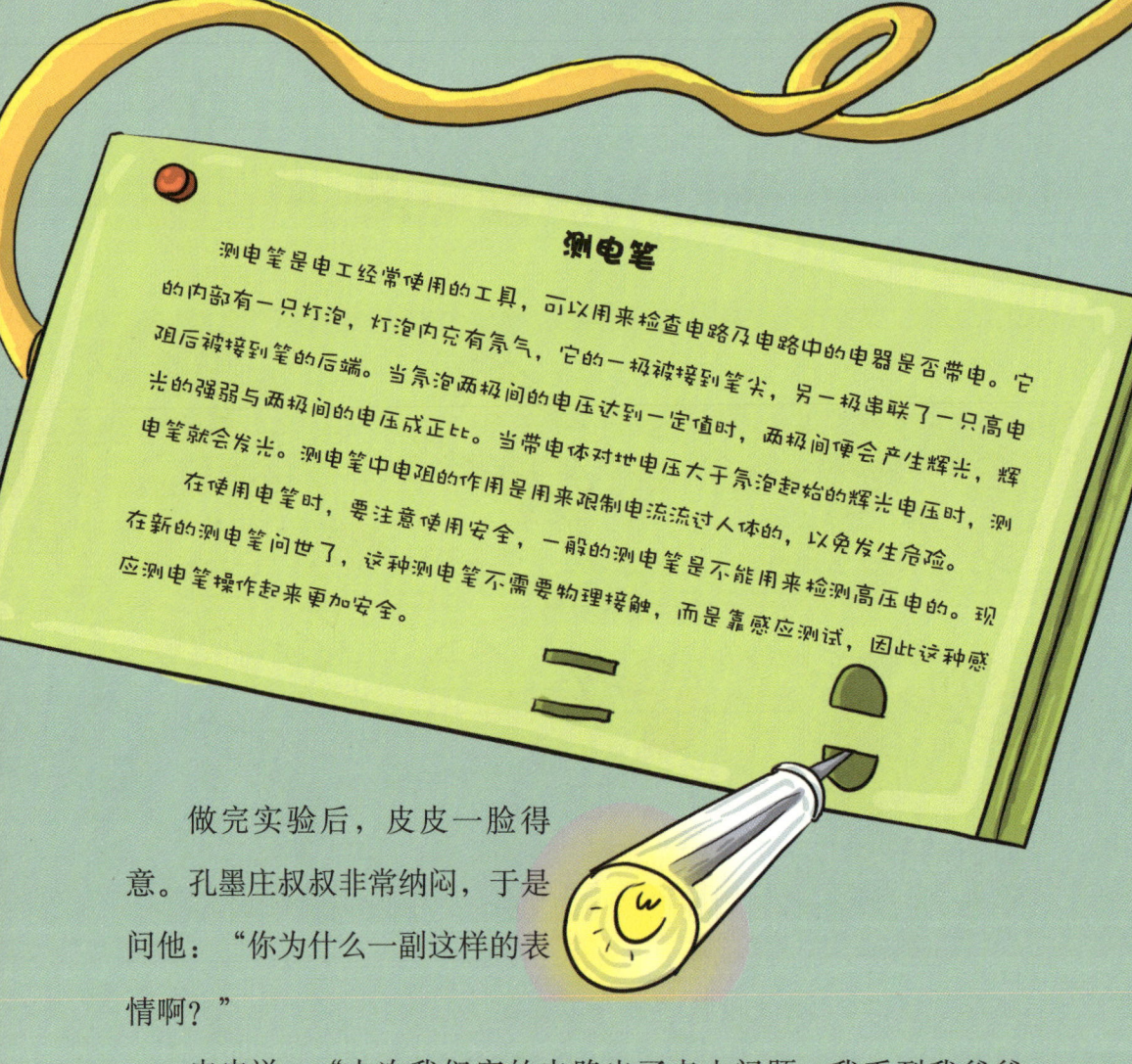

测电笔

测电笔是电工经常使用的工具,可以用来检查电路及电路中的电器是否带电。它的内部有一只灯泡,灯泡内充有氖气,它的一极被接到笔尖,另一极串联了一只高电阻后被接到笔的后端。当氖泡两极间的电压达到一定值时,两极间便会产生辉光,辉光的强弱与两极间的电压成正比。当带电体对地电压大于氖泡起始的辉光电压时,测电笔就会发光。测电笔中电阻的作用是用来限制电流流过人体的,以免发生危险。

在使用电笔时,要注意使用安全,一般的测电笔是不能用来检测高压电的。现在新的测电笔问世了,这种测电笔不需要物理接触,而是靠感应测试,因此这种感应测电笔操作起来更加安全。

做完实验后,皮皮一脸得意。孔墨庄叔叔非常纳闷,于是问他:"你为什么一副这样的表情啊?"

皮皮说:"上次我们家的电路出了点小问题,我看到我爸爸在修理电路之前,先拿了一个笔一样的东西插进电源插座里,然后才开始修理。我当时很好奇,就问他那是什么笔,他还跟我装神秘呢。哈哈,这下我可知道了,那是测电笔。"

孔墨庄叔叔说:"那你回家就可以让你爸爸对你刮目相看了。"

皮皮又禁不住得意起来,说:"我已经迫不及待地想看到他们崇拜我的样子了。"

有趣的水果电池

需要准备的材料：

☆ 一枚铜片
☆ 一枚锌片
☆ 两根导线
☆ 一个苹果或番茄等有酸味的水果
☆ 一个万用表

◎ 实验开始：

1. 分别把两根导线两端的塑料线外皮削去，将导线外的绝缘漆刮掉；
2. 把铜片、锌片分别接到两根导线的一端；
3. 分别把连有导线的铜片和锌片插入苹果中；
4. 把万用表接入到两根导线的另一端，你会有什么发现？

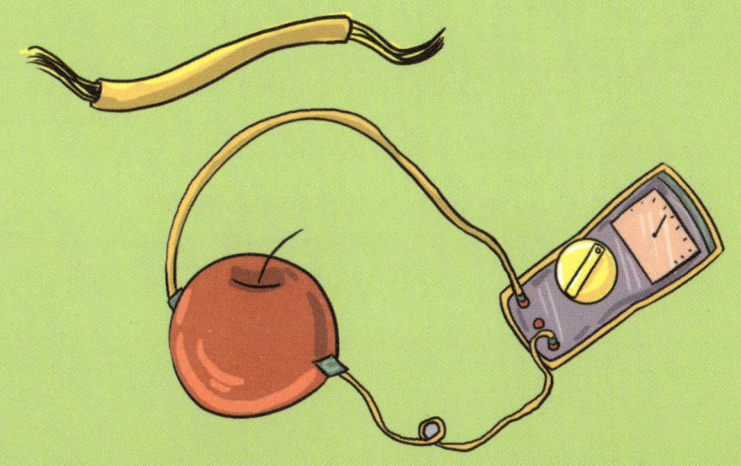

◎ 有趣的发现：

你可以看到电流表的指针有显示，这就做成了一个水果电池。

皮皮："万用表的指针怎么会有显示呢？"

丹丹："难道水果也可以做成电池？"

孔墨庄叔叔："当然可以呀！1780年，伏打用沾湿了的硬纸和麻布中间夹金属片做了一个著名的实验。通过这个实验，他发明了伏打电池。我们的这个实验和伏打做过的实验有相同之处，就是锌片都放出了电子，而铜片都得到了电子。当然两个实验也有不同点，就是伏打电池是用盐水来导电的，而我们这个实验是用酸性果汁来导电的。"

细菌电池

伦敦一所大学的成员发明了一种细菌电池,这种生物燃料电池能把化学能转化为电能。在生物燃料电池里,电子是由生活在阳极里的细菌经生化反应而产生的。细菌消化碳水化合物后,就能产生电子。通常,细菌利用电子来维持生长。英国学者发现,如果将一种叫作硫堇的化学物同细菌放在一起,硫堇就会从细菌那里夺取电子,把它送到阳极的导体(电线)上。但是这样细菌很快就会死去,电池里必须经常加入新的细菌,才能持久有电。每加一次细菌,可维持3个月左右。细菌的食料是食品加工厂和污物处理厂的废料,成本极低,所以这种细菌电池在偏僻地区是一种理想的电源。

丹丹手里拿着一个苹果,一脸纠结的表情。皮皮打趣道:"别告诉我,你只剩这一个苹果了,不舍得吃。"丹丹瞟了他一眼,说:"你懂什么,我是怕它产生电,电到我的牙齿。"皮皮哈哈大笑:"你的牙齿又不是铜和锌做的,有什么好怕的!"

磁场的方向

需要准备的材料:
☆ 两块长木条
☆ 一块玻璃
☆ 一些铁屑
☆ 一个蹄形磁
☆ 三四个小磁针（上面标有磁极）

◎ 实验开始：

1. 在玻璃板底下垫上两块长木条，然后在玻璃板上放一个蹄形磁，在玻璃上撒些铁屑，并在不同位置放上小磁针；
2. 敲击玻璃，观看铁屑的分布情况和小磁针的指向。

◎**有趣的发现：**

可以看到铁屑有规则地排列着，呈现出一种花纹，同时能看出小磁针有规律地排列着。

皮皮："真神奇啊！这些小磁针为什么这么有规律啊？"

孔墨庄叔叔："其实铁屑呈现出来的花纹显示的是磁场的分布，小磁针的指向就是磁场线的方向。蹄形磁周围分布着磁场，可是场是一种看不见的物质，我们看不到磁场线的分布情况，也不知道磁场线的方向。所以我们只能通过这些铁屑和小磁针间接地看到我们原本看不到的。"

莱顿瓶的由来

18世纪时，荷兰莱顿大学一位物理教授马森布洛克想把电荷贮存到水里去，为此，他把起电机的一端用导线连接，再把导线插到盛着水的玻璃瓶内。他让助手用一只手托着玻璃瓶，自己则专心地摇动起电机。这时，由于不慎，助手的另一只手碰着了导线，受到电击而喊叫起来。为验证这种电击的存在，两人互换了位置重做实验，并有意识地去触摸导线，这回轮到教授遭受电击了。他写到："手臂和身体产生了一种无法形容的感觉，总之我以为这下可完蛋了。"受此一击，这位胆量不大的教授曾立誓："即使是把全法兰西帝国都赠给我，我也不再重做这个实验了。"尽管如此，他还是得到一个结论：电荷可以在瓶子里保存。由于最初是在莱顿这个地方进行的这个实验，所以人们把这种瓶子叫作莱顿瓶。

"丹丹，我给你变个魔术吧！"嘉嘉一脸自信地笑着。

丹丹开心地说："好啊！我最喜欢魔术了，快点变给我看吧！"

于是，嘉嘉在桌子上摆了一枚小磁针，然后手又在桌子下面捣鼓了一会，这时桌子上的小磁针竟然动起来了。嘉嘉得意一笑，对丹丹说："怎么样，我厉害吧？"

丹丹撇撇嘴，说："别以为我不知道你放在桌子下的手里拿着马蹄磁，哼！"

塑料袋点灯

需要准备的材料：
☆ 一个塑料袋
☆ 一个氖光泡

◎实验开始：

1．用左手捏着塑料袋的底部拎起塑料袋，右手的食指和中指夹住塑料袋，迅速地从上端往下进行多次摩擦，使塑料袋张开，这说明塑料袋已带上静电；

2．用右手拿着氖光泡，慢慢接近带电的塑料袋，你会有什么发现；

3．将右手掌贴近塑料袋，你又会有什么发现？

◎ **有趣的发现：**

氖光泡接近塑料袋会发光，而右手掌贴近塑料袋能吸住塑料袋。

皮皮："为什么会这样呢？"

孔墨庄叔叔："这是因为塑料袋经摩擦后产生了静电，而静电可以点亮氖光泡。带电的塑料袋之所以能吸在手上，是因为塑料袋上的电荷和手上的电荷极性正好相反，而异性电荷相吸。"

静电植绒

有些时候静电会给我们带来许多麻烦,然而,有些时候静电也可以替我们做许多事情,例如静电植绒。静电植绒是在静电场的作用下,把很短的纤维"植"到涂有黏着剂的织物上去,使之成为一种既像浮雕又像刺绣的纺织品。为了使植绒织物色泽鲜艳、柔软且富于弹性,一般采用人造丝短纤维,但也可适量加入一些棉、尼龙和羊毛等其他绒毛。静电植绒技术不仅可以用来加工彩色植绒被面、植绒的丝绸、麻纱衣料、代替兽皮的植绒大衣等等用品,还可以用来制造各种具有隔音、防震、保温等作用的材料,作为飞机、舰艇、广播室、医院、病房的内壁,等等。

做完实验后,皮皮气愤地对大家说:"说起塑料袋,我就生气!"孔墨庄叔叔和丹丹一头雾水,不解地问:"塑料袋又怎么惹到你了?"

皮皮回答说:"有一天,风特别大,一只塑料袋被吹到了我的脚边,然后粘到了我的裤腿上。我就那么一路带着它走,想想就很傻,简直太影响我的形象了。"

电荷也怕火烧

需要准备的材料：
☆ 一把塑料尺
☆ 一张毛皮
☆ 一个验电器
☆ 一支蜡烛
☆ 一盒火柴

◎ **实验开始：**

1. 将塑料尺与毛皮摩擦，用验电器去检验塑料尺，会发现塑料尺带了电；
2. 拿金属板与尺接触一下，用验电器再检查塑料尺，塑料尺仍旧有残剩电荷；
3. 把蜡烛点燃，将塑料尺在火焰上方掠过（不要停留，以免被火焰烧坏）；
4. 再用验电器检验，你会发现什么？

  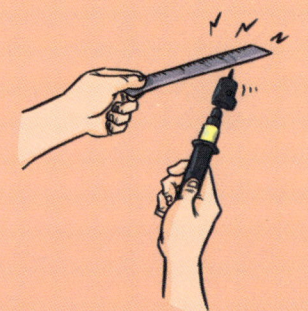

◎ **有趣的发现：**
你会发现尺上的残剩电荷消失了。

皮皮："尺上的残剩电荷怎么会没有了呢？"

孔墨庄叔叔："这是因为火焰能消除静电。火焰的温度很高，能使空气电离，其中的一种离子与尺上的电荷中和，因此尺上就不再带电了。"

去除静电小妙招

衣服上产生的静电，会对人体产生间接危害。静电有很强的吸尘作用，衣服在静电的作用下会从空气中吸附大量的灰尘，这不仅会污染衣服表面，还会使衣服上的微生物直接影响人的健康。同时由于静电作用，衣服间也会相互吸引，如裙子贴在长筒袜上，外衣吸在内衣上等，影响美观。甚至在特殊的场所，这种静电还可能引起火灾事故。

为了防止衣物产生静电，可以采取一些简单的处理方法。最简单方便的办法是增加衣服或室内的湿度，提高衣物表面的导电性能。这种方法的缺点是不易持久，且在北方干燥地区不太适宜。另一种切实可行的方法是使用"洁净衣物防尘剂"。你只要在市场上购买一瓶该制剂，将少量溶液倒入洗衣盆内，用热水冲开，再加适量冷水，然后将洗净拧干的衣服放入盆中浸泡，10分钟后取出晾干即可。

嘉嘉回到家的时候，妈妈正在镜子前为裙子总是粘在腿上而懊恼。这时，嘉嘉变戏法一般从书包里掏出一瓶洁净衣物防尘剂，一边递给妈妈，一边开心地说："今天孔墨庄叔叔教我们做实验的时候，讲到这个可以除去衣物上的静电，我就用零花钱买了一瓶送给你！"

妈妈惊喜地抱起嘉嘉，在他脸上亲了一口，夸道："我们家出了一个学识广博的小智多星呢，而且还会关心妈妈了，真乖！"

静电的世外桃源

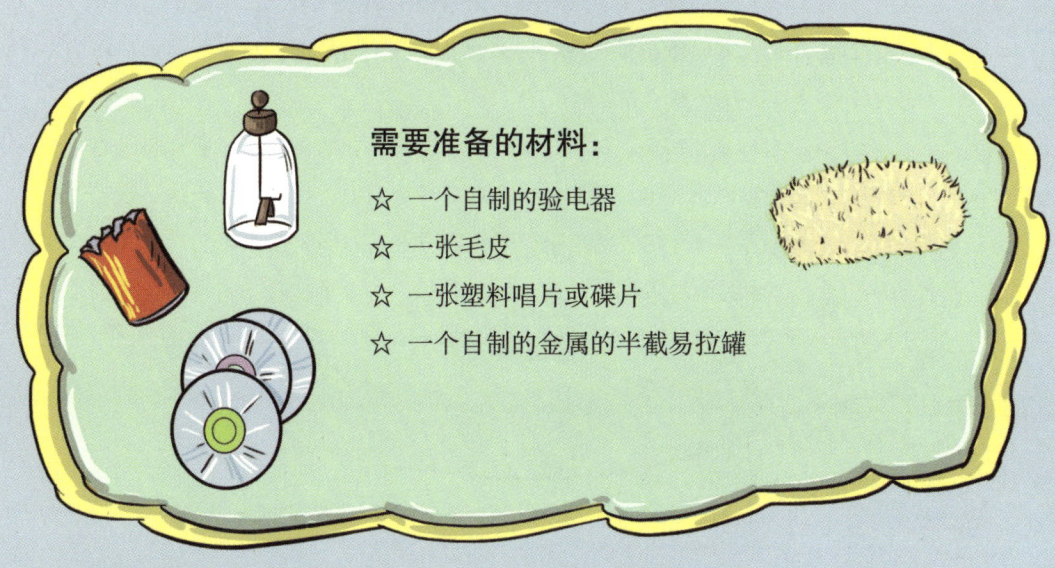

需要准备的材料：

☆ 一个自制的验电器
☆ 一张毛皮
☆ 一张塑料唱片或碟片
☆ 一个自制的金属的半截易拉罐

◎ 实验开始：

1. 摩擦塑料唱片使唱片带上电荷；
2. 在你自制的验电器上罩半截易拉罐，把摩擦后的唱片靠近易拉罐，甚至放在易拉罐上，看看验电器的箔片是否张开；

3. 移开易拉罐，把唱片直接靠近验电器，看看验电器的箔片是否张开。

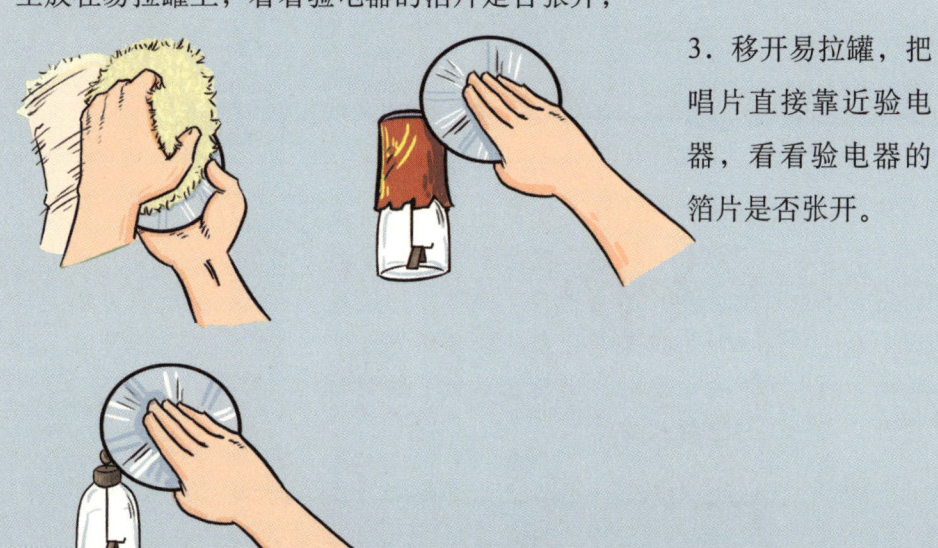

◎**有趣的发现：**

罩上易拉罐，验电器的箔片不张开；移开易拉罐，验电器的箔片就张开了。

嘉嘉："为什么会这样呢？"

孔墨庄叔叔："这是因为一般的玻璃瓶在较高电压的静电场中会成为导体，与金属的易拉罐组成了一个屏蔽罩，内部电场的强度为零，所以里面的箔片不会带电，箔片不会张开。如果你们能找到小鸟，用金属网把鸟笼罩起来，任你用点煤气的电子打火枪对着小鸟打，小鸟也不会有丝毫的危险，这也是静电屏蔽的结果。"

静电屏蔽的作用

闪电击中飞机是常有的事,但是除了可能造成机身上的几个小洞以外,几乎不会造成其他的后果。事实上,乘坐者可能永远也不会感觉到闪击。就像电子打火枪与金属笼之间的放电对小鸟没有影响一样,闪电闪击的高压电流穿不透飞机的金属壁,只能停留在金属的外层。除了穿孔后触及燃料而引起爆炸的情况以外,闪电击中飞机很少引发严重的后果。

皮皮对孔墨庄叔叔说:"回家之后,我就要让我爸爸用金属网把我房间里的窗户都罩上。"

孔墨庄叔叔问:"为什么啊?你要防盗吗?"

皮皮说:"因为这样我就再也不用怕雷雨天气时,雷电会顺着窗户钻进来了。"

孔墨庄叔叔打趣道:"我好像不经意间知道了某个人害怕打雷的小秘密哦!"

神奇的静电摆球

需要准备的材料:
- ☆ 一些包装用的聚苯乙烯泡沫塑料制成的圆球(弹珠大小)
- ☆ 一瓶碳素墨汁
- ☆ 一卷尼龙丝
- ☆ 一个感应起电的带电金属盘

◎ **实验开始:**

1. 将圆球表面涂上碳素墨汁,待墨汁干了之后用尼龙丝穿过球心并留有适当长度的悬线;
2. 用金属盘去接近摆球。

◎**有趣的发现：**
摆球左右不断摆动。

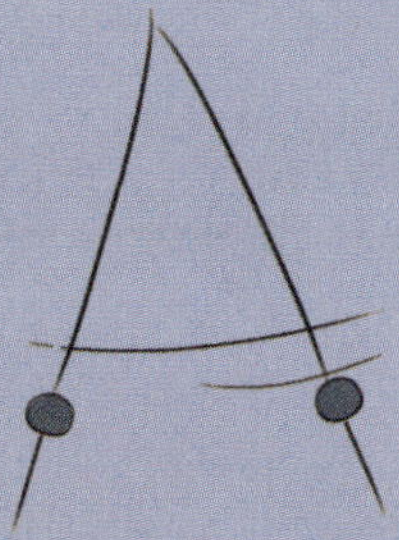

皮皮："这是怎么回事啊？摆球怎么会摆动呢？"

孔墨庄叔叔："因为摆球上面附着墨汁，当摆球与金属盘接触后就有电子转移，便形成吸、斥作用，所以摆球就会左右来回摆动。"

避雷针

避雷针是建筑物防雷的一种装置,是由一根指向天空的金属长针和一根下端接地的导线组成的,这样就可避免建筑物遭到雷击。避雷针的发明,使我们的生活更加安全了。

在公交车上,皮皮听到两个妇女在说话。一个妇女说:"听说最近雷雨天气频繁啊!我最怕打雷了。"另一个妇女说:"没关系,我们那栋楼的顶部不是有避雷针吗,不用担心,安全着呢!"

奇怪的报纸

需要准备的材料：

☆ 一支铅笔
☆ 一张报纸

◎实验开始：

1．展开报纸，把报纸平铺在墙上；
2．用铅笔的侧面迅速地在报纸上摩擦几下后，铺在墙上看看会怎样；
3．掀起报纸的一角，然后松手，看看又会怎样；
4．把报纸慢慢地从墙上揭下来，注意倾听。

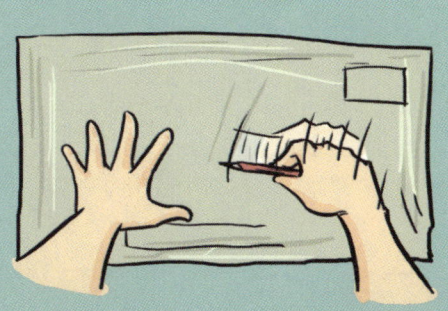

◎ 有趣的发现：

报纸铺在墙上就像粘上去一样不会掉下来了，即使掀起报纸的一角，松手后还是会被墙壁吸回去。把报纸揭下来，会听到噼啪声。

嘉嘉："报纸为什么会有这么奇怪的现象呢？"

孔墨庄叔叔："这是因为用铅笔摩擦平铺在墙上的报纸，会使报纸带上电荷，带上了电荷的报纸就会被吸到带异电荷的墙上。屋子里的空气干燥（尤其是在冬天），如果你把报纸从墙上揭下来，就会听到静电的噼啪声。还记得在干燥的秋天的晚上，你脱毛衣时看到的小火花还有那些'噼啪'的响声吗？与这个道理是一样的。"

复印机是如何工作的

复印机的工作原理就是正负电荷之间的吸引力作用。假设某一本书上有一页需要复印下来，复印机上的光学系统就会"阅读"这一页书上带有黑色字迹的区域，并把电荷传送到复印纸上那些应该变黑的区域上。然后，带电的碳粉被吸到复印纸上，填满应该变黑的区域，经过迅速加热，碳粉熔化到了纸上，就形成了原件的拷贝件。

丹丹："我觉得我之前往墙上粘贴明星海报的方式，简直笨到家了。"

孔墨庄叔叔："为什么？"

丹丹："早知道用铅笔划几下，海报就能被吸到墙上，我为什么要浪费那么多胶水呢？"

孔墨庄叔叔："海报比报纸要重，摩擦产生的那些电荷恐怕支撑不住海报的重量吧。"

魔力吸管

需要准备的材料：
☆ 一根塑料吸管
☆ 一张报纸

◎ **实验开始：**

1. 在报纸上裁剪下一小块，把它卷裹在塑料吸管外面；
2. 左手拉住吸管一端，右手捏住报纸卷，将吸管与报纸来回摩擦多次；
3. 拉出吸管，竖着贴在右手手掌上，再松开手，你会有什么发现？

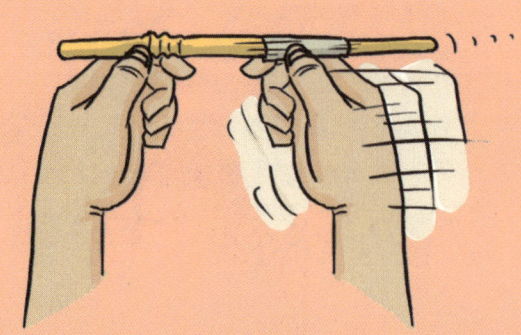

◎**有趣的发现：**

你会惊奇地发现吸管好像受到一股魔力支配，紧贴在右手掌上不掉下来。

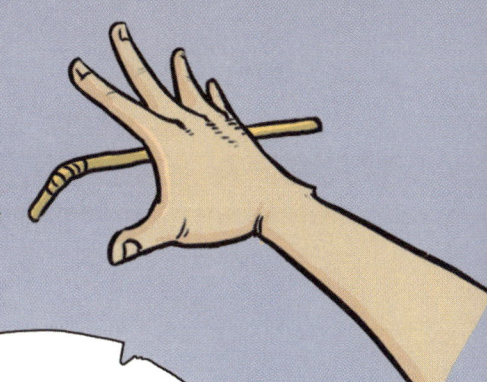

皮皮："吸管怎么会紧贴在手掌上不掉下来呢？"

孔墨庄叔叔："这是由于报纸和吸管摩擦后，吸管带上了大量的负电荷。而吸管是用绝缘性很好的塑料制作的，电荷不会流失，因此能够吸附在手掌上。另外，它也能被书本、有机玻璃等物体吸住，你们不妨也试一试。"

静电喷农药

大家知道,采用喷撒化学药品的方法来消灭农业害虫,效果并不是十分理想。这是由于在喷撒时,有的农药会被风吹散,有的农药会被不合时宜的雨水冲走,有的农药散布不均匀失去了应有的效能。不仅如此,撒布农药后的几小时,甚至几个星期之内,果园和田野的空气都会处于严重污染状态,如果落入了土壤和河流之中,危害面积就会扩大。

怎样来解决这个问题呢?科学家为此发明了一种应用静电来喷撒农药的新方法。

静电喷雾器的工作原理是这样的:利用静电场(电压虽然高达80千伏左右,但电流量很低)使农药的液滴或粉末颗粒获得一定的电荷,然后把它喷撒到作物的叶片上去。由于喷雾器和植物(如苹果树)之间存在着静电场,所以这时的农药微粒能以很快的速度准确地飞向目标。

皮皮回到家里之后,立刻翻出一张报纸和一捆吸管,然后就在那里摩擦。

爸爸和妈妈一头雾水地看着他,不解地问:"皮皮,你在那干什么呢?"

皮皮突然转过身来,手掌上吸附着三根吸管,得意地说:"我就说嘛,既然能吸住一根,就也一定能吸住三根。这算不算是举一反三呢?"

会跳舞的纸娃娃

需要准备的材料：

☆ 一个火柴盒
☆ 一段较长的漆包线
☆ 一根细铁丝
☆ 一卷透明胶带
☆ 一节1.5伏干电池
☆ 一把剪刀
☆ 一块硬纸板

◎ **实验开始：**

1．用剪刀把硬纸板剪成一个纸娃娃。注意，纸娃娃要左右对称；

2．用漆包线绕火柴盒24圈，并且两端各留出10厘米的长度作为接头；

3．把6厘米长的细铁丝拧弯（如图），前后穿过火柴盒里面（稍微比火柴盒长一点，在火柴盒外边留出一小截），与线圈形成垂直；

4．用胶带将纸娃娃固定在火柴盒外边的铁丝上，保持平衡；

5．将线圈一端用胶带粘在电池负极上，拿着线圈的另一端断断续续地去触击电池正极，你会看到什么？

◎ 有趣的发现：

你会看到纸娃娃开始不停地跳舞了。

丹丹："真神奇，纸娃娃就像活了一样。"

孔墨庄叔叔："我们知道，当有电流经过线圈时，它的周围会出现磁场。实验中的线圈一端不连续接触电池，致使线圈不连续通电，电流时断时续，使得磁场强度不断变化，导致细铁丝出现一吸一放的情况，粘贴在上面的纸娃娃也就随意跳起舞来了。"

静电闯祸

1960年,我国登山队攀登世界顶峰珠穆朗玛峰时,有一天夜里狂风呼啸,队员们担心山风会把帐篷吹走,所以用头顶着帐篷睡觉,不一会儿大家头部忽然像针扎似的难受。经检查,队员们发现帐篷上面闪烁着一道道绿色的火光。火光是从哪儿来的呢?原来是风与帐篷摩擦产生的静电在作恶的缘故。

某石油化工厂的车间,由于热交换器装置的冷却器管道破裂,管道里面的大量氢、煤油高速喷出,奇怪的是当时并没有火苗,却引起了一场大火。为什么呢?原来是氢、煤油从管道破裂口高速喷出的时候,与管壁摩擦产生了静电,静电积累到一定程度,发生了静电放电,从而点燃了氢和煤油。

嘉嘉在做实验的时候,总是借用皮皮的头发来摩擦生电,皮皮忍无可忍地问道:"嘉嘉,难道你自己没有头发吗?为什么总是借用我的头发?"

嘉嘉自恋地说:"我的发型这么完美,怎么能轻易去破坏呢!"

皮皮听了,只能气得独自翻白眼。

能验电的小球

需要准备的材料：

☆ 一块泡沫塑料(也可用晒干的高粱秆芯或玉米芯代替)
☆ 一张锡纸
☆ 一根丝线
☆ 一个实验支架
☆ 一把塑料尺

◎ **实验开始：**

1. 把泡沫塑料做成小球，在小球外面包裹上一层锡纸；
2. 用丝线将小球悬空在支架上，拿普通的塑料尺靠近小球，观察小球；
3. 把塑料尺的一端在头发上摩擦几下之后再靠近小球，你会看到什么现象？

◎ **有趣的发现:**

你会发现小球主动往塑料尺这边靠近,然后又迅速分开。

皮皮:"真神奇,小球为什么会靠近塑料尺后又迅速分开?"

孔墨庄叔叔:"第一次用塑料尺去靠近小球,因为双方都没有带电,所以没有反应。第二次因为塑料尺带了电,对正负电荷平衡的小球来说,它形成了一个吸引力,所以小球主动靠向塑料尺。但小球跟塑料尺接触后,也带上了塑料尺的电荷,因为带相同电荷的物体相互排斥,所以小球与塑料尺又迅速分开了。"

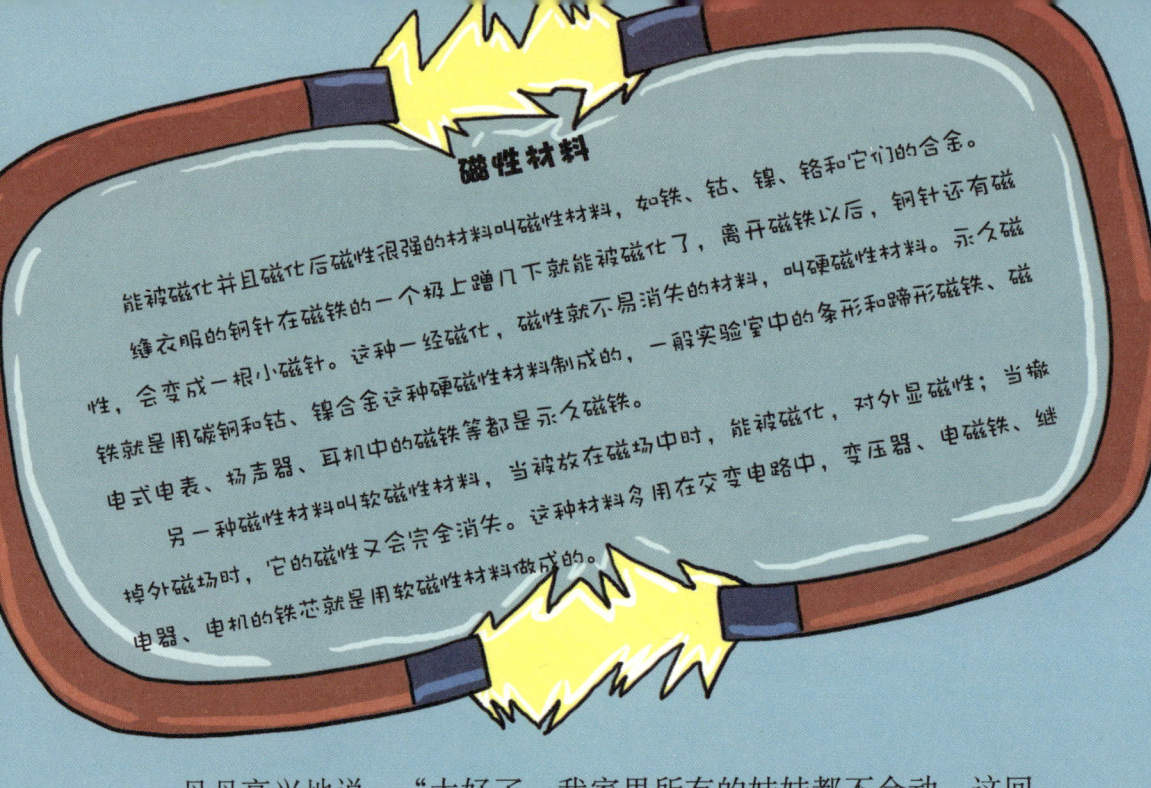

磁性材料

能被磁化并且磁化后磁性很强的材料叫磁性材料,如铁、钴、镍、铬和它们的合金。缝衣服的钢针在磁铁的一个极上蹭几下就能被磁化了,离开磁铁以后,钢针还有磁性,会变成一根小磁针。这种一经磁化,磁性就不易消失的材料,叫硬磁性材料。永久磁铁就是用碳钢和钴、镍合金这种硬磁性材料制成的,一般实验室中的条形和蹄形磁铁、磁电式电表、扬声器、耳机中的磁铁等都是永久磁铁。

另一种磁性材料叫软磁性材料,当被放在磁场中时,能被磁化,对外显磁性;当撤掉外磁场时,它的磁性又会完全消失。这种材料多用在交变电路中,变压器、电磁铁、继电器、电机的铁芯就是用软磁性材料做成的。

丹丹高兴地说:"太好了,我家里所有的娃娃都不会动,这回我会做能跳舞的纸娃娃了。"

皮皮不以为然地说:"女孩子就是幼稚,每天都跟娃娃打交道。"

丹丹生气地说:"是吗?可我怎么记得上次去你家玩的时候,看到你小时候抱着娃娃拍的照片了呢?"

皮皮脸涨得通红,说:"那是我妈妈放到我怀里的,我当时太小,还不懂得反抗。"

"昂首挺胸"的细绳丝

需要准备的材料：
☆ 一块纸板
☆ 一卷胶带
☆ 一根包装用塑料绳
☆ 一把梳子
☆ 一根塑料棒或气球棒
☆ 一件羊毛围巾或羊毛衫
☆ 一块废旧包装泡沫塑料板

◎ 实验开始：

1. 在纸板上画一个圆，并剪下这个圆，向圆心剪一个口，用胶带粘接缝处；

2. 做一个圆锥体的尖顶帽子。剪一段30厘米长的包装用塑料绳，把包装用塑料绳用胶带贴在帽子里10厘米，然后从顶尖的孔中穿出帽子外面；

3. 把帽子外面的绳剪成许多细丝；

4. 请你的助手带上这顶帽子，并站在泡沫板上伸出中指；

5. 拿起羊毛围巾反复地在塑料棒上摩擦，然后，用带上了静电的塑料棒对接你助手的中指；

6. 反复几次摩擦，几次对接，注意观察助手头上帽子的变化。

◎ 有趣的发现：

你会看到尖顶帽子上的细丝竖了起来。

皮皮："好奇怪，帽子上的细丝怎么会竖起来呢？"

孔墨庄叔叔："用羊毛围巾摩擦塑料棒，会使塑料棒带上电荷。当你用塑料棒接触助手的中指时，电荷就会传导到你的助手身上。由于助手站在绝缘的泡沫塑料板上，因此电荷不会导入地下，而是在他的身上积累。多次接触后，电荷越积越多，当传导到帽子上时，那些细丝因为带上了同一种电荷就会相互排斥，竖了起来。"

静电冷却

如果你在一张薄纸的后面放有一根高电压、低电流的探针,然后将它放到丙烷的火焰之中,会发现这张纸在高温的火焰中安然无恙。纸在火焰中为什么不会烧起来呢?

经研究表明,从探针上释放出来的电子流,能够使这张薄纸冷却到燃烧点以下,这就是静电冷却效应。有人曾经用一根25千伏的探针做试验,发现可以使白鼠的体温在30分钟内降低16℃左右。根据这个原理,静电冷却还可用来降低人体的温度,利于手术的进行和减轻高热患者的痛苦。

皮皮住的小区变压器故障检修,很多人都围着看。皮皮突然发现从变压器中放出许多油,恍然大悟地说:"啊,怪不得人站在它的附近都不会触电呢,原来是用它来绝缘的啊!"

铁钉的"怪脾气"

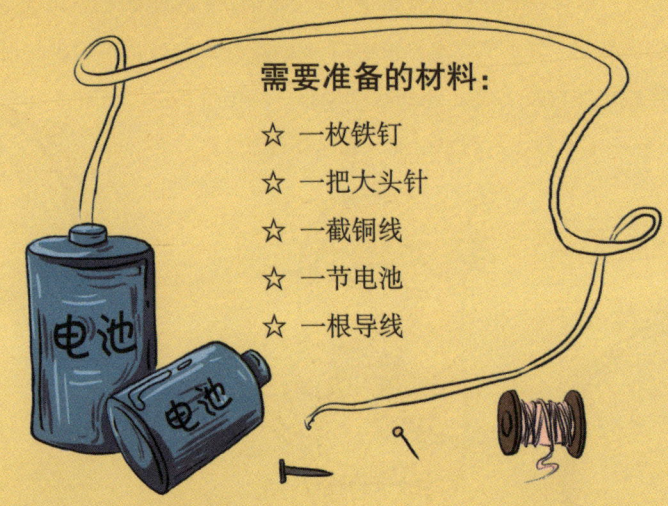

需要准备的材料:
☆ 一枚铁钉
☆ 一把大头针
☆ 一截铜线
☆ 一节电池
☆ 一根导线

◎ 实验开始:

1. 把铜线缠绕在铁钉上;
2. 把导线两端接入电池正、负极;
3. 通电后,用铁钉接近大头针,你会有什么发现;
4. 切断电源后,再用铁钉接触大头针,你又会有什么发现?

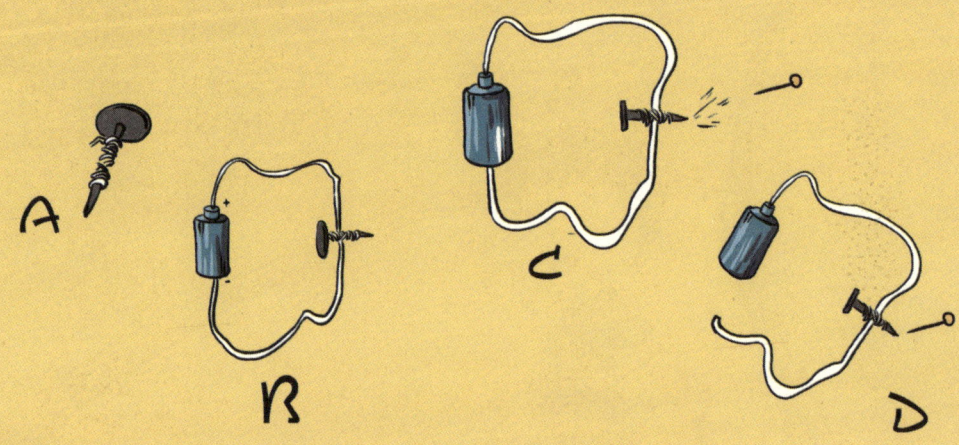

◎有趣的发现：

通电后，大头针被铁钉吸引。切断电源后，铁钉不再吸引大头针。

皮皮："奇怪了，为什么铁钉有时吸引大头针，有时不吸引啊？"

嘉嘉："它怎么会有这种'怪脾气'呢？"

孔墨庄叔叔："在接通电路后，缠绕铁钉的铜线圈会形成一个磁场，在这个磁场内的铁钉会被磁化，有了磁力当然就可以吸引大头针。当切断电流后，铜线圈内的磁场就会消失，铁钉的磁力也就跟着消失了。人们利用这个原理制造了电磁起重机。"

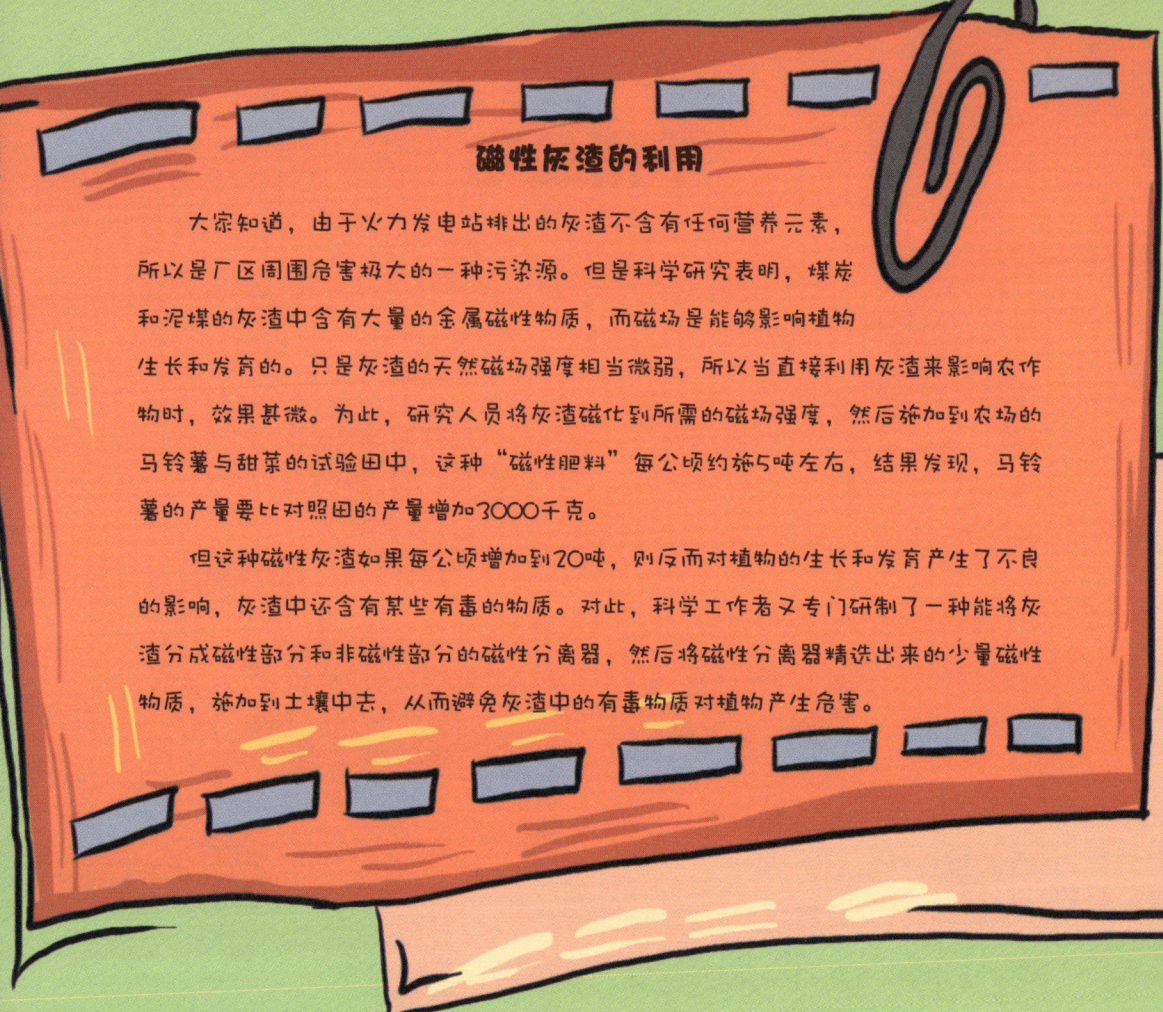

磁性灰渣的利用

大家知道,由于火力发电站排出的灰渣不含有任何营养元素,所以是厂区周围危害极大的一种污染源。但是科学研究表明,煤炭和泥煤的灰渣中含有大量的金属磁性物质,而磁场是能够影响植物生长和发育的。只是灰渣的天然磁场强度相当微弱,所以当直接利用灰渣来影响农作物时,效果甚微。为此,研究人员将灰渣磁化到所需的磁场强度,然后施加到农场的马铃薯与甜菜的试验田中,这种"磁性肥料"每公顷约施5吨左右,结果发现,马铃薯的产量要比对照田的产量增加3000千克。

但这种磁性灰渣如果每公顷增加到20吨,则反而对植物的生长和发育产生了不良的影响,灰渣中还含有某些有毒的物质。对此,科学工作者又专门研制了一种能将灰渣分成磁性部分和非磁性部分的磁性分离器,然后将磁性分离器精选出来的少量磁性物质,施加到土壤中去,从而避免灰渣中的有毒物质对植物产生危害。

孔墨庄叔叔的小孙女刚两岁,聪明可爱。一天,她将一只不小的多脚虫翻来覆去地折腾,一会儿虫不动弹了,她急得直叫:"爷爷奶奶快换电池。"

孔墨庄叔叔诧异地想了好半天,突然明白了,原来孙女的玩具都是装电池的,她认为这只真的虫也是装电池的了。

手指放电

需要准备的材料：

☆ 一个汽水瓶的铁盖
☆ 一把锥子
☆ 一个小木块
☆ 一把小螺钉
☆ 一张胶木唱片
☆ 一台唱机
☆ 一件羊毛织物

◎ **实验开始：**

1．将一只汽水瓶的铁盖烘干，用锥子在它的中心打个小孔，把小木块的一端贴在小孔下，用小螺钉固定住，做成一个手柄；

2．让一张胶木唱片在唱机的转盘上转动，捏住一小块柔软的羊毛织物，靠上转动的唱片，约摩擦20秒钟后停下转盘，将有柄的铁盖放在唱片上，用手指迅速碰一下铁盖，再碰一下唱片；

3．拿起铁盖，将这手指靠近铁盖边缘，这时你会看到什么现象？

◎ 有趣的发现：

你会看到一朵火花会从铁盖跳到手指上。

皮皮："这朵火花是怎么产生的呢？"

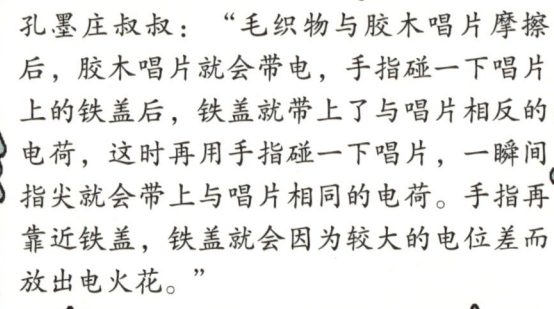

孔墨庄叔叔："毛织物与胶木唱片摩擦后，胶木唱片就会带电，手指碰一下唱片上的铁盖后，铁盖就带上了与唱片相反的电荷，这时再用手指碰一下唱片，一瞬间指尖就会带上与唱片相同的电荷。手指再靠近铁盖，铁盖就会因为较大的电位差而放出电火花。"

谁是"纵火犯"

一辆装满石油的油罐车在公路上疾驰，突然从油罐里冒出了浓烟和烈火，石油莫名其妙地燃烧起来了，造成了一场很严重的失火事件，是谁放的火呢？

原来，汽车轮胎和路面摩擦时，会使轮胎带上静电荷并传给车身；同时汽车行驶时，油罐内的汽油不断晃动，跟罐壁发生冲撞和摩擦，于是油罐也带上了静电；加上飞扬的灰尘跟空气摩擦也会带电，当它们落到油罐上时，就把电也传给了油罐；当电荷积聚到一定程度时就会放出火花，引起了石油燃烧。人们接受了这个教训，为了避免再次发生这样的事故，就在汽车、特别是油罐车上，挂一条拖到地面的铁链条，让轮胎或车上的静电荷可以及时传到地面。

一天，孔墨庄叔叔讲摩擦生电时说："我们冬天的时候脱毛衣，毛衣都会嚓嚓响，还有电光，但是夏天就不会这样。为什么呢？"

丹丹："因为夏天湿度大。"

"飞走"的胡椒粉

需要准备的材料：

☆ 少许粗粒盐
☆ 少许胡椒粉
☆ 一把塑料匙
☆ 一块毛料布

◎ 实验开始：

1. 把粗粒盐和胡椒粉混合在一起，使它们薄薄地分布在桌面上；
2. 找一只干燥的塑料匙，用毛料摩擦塑料匙底部，将塑料匙靠近桌上的粉末，你会看到什么现象？

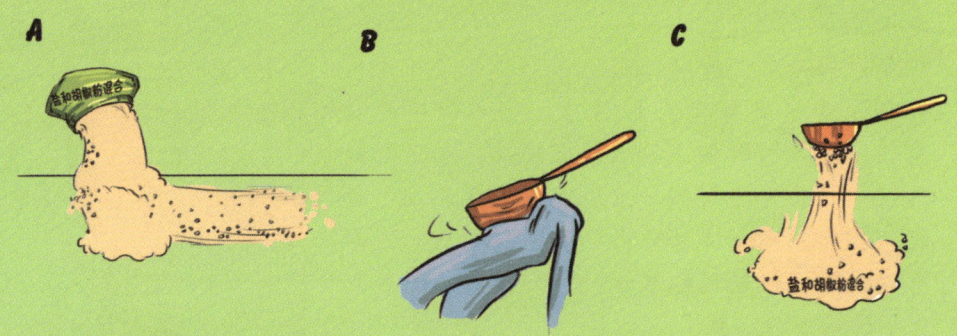

◎ **有趣的发现:**

你会发现胡椒粉立即跳起来粘在了塑料匙上。

皮皮:"胡椒粉为什么会飞出去粘在塑料匙上呢?"

孔墨庄叔叔:"通过摩擦,塑料匙带上了电,对不带电的颗粒具有吸引力。由于胡椒粉比盐轻,所以胡椒粉先被吸向塑料匙。如果你把吸住的胡椒粉抹到另一张纸上,重复几次,就能把盐和胡椒粉区分开来。如果想把盐也吸起来,就必须把塑料匙放低一点,但是,这样就分不开胡椒粉和盐了。"

吸灰的首饰

公元前600年左右,希腊正处在昌盛时期。妇女们出游时,大多穿着美丽柔软的丝绸衣服,身上佩戴着由琥珀制成的首饰。人们经常发现,刚刚擦亮的琥珀很快就会蒙上了一层灰尘。这个现象被一个叫塞利斯的希腊人注意到了,他发觉琥珀这种物质吸附灰尘的本领与受到了丝绸衣服的摩擦是分不开的。经试验,用丝绸摩擦过的琥珀的确能吸引麦秆、绒毛等小东西。在以后的两千多年中,人们在这方面的认识并没有很大的进展。到了1600年左右,英国有位名叫吉伯的侍医发现,硫黄、玻璃、水晶、金刚石等被丝绸或毛皮摩擦后,也能够吸引轻小物件。此后这种奇异的力量就被称为"静电"。不久有人做成了能产生静电的感应起电机。

一天,孔墨庄叔叔在讲电的原理:"摩擦可以生电。比方说,只要逆着抚摸猫的皮毛,就可以看到电火花。"

"天呐,"丹丹叫道,"那发电站得养多少猫啊!"

忽明忽暗的灯泡

需要准备的材料：

☆ 一根20厘米长的细铜丝
☆ 一根1米长的细铜丝
☆ 一根1米长的粗铜丝
☆ 一节干电池
☆ 一个小灯珠

◎ 实验开始：

1．用胶带将20厘米长的细铜丝端固定在灯泡螺丝处，灯泡底部固定在电池顶端，铜丝另一端连接在电池底部，观察灯泡的亮度；

2．接着将20厘米长的细铜丝换成1米长的细铜丝，重复上面的操作，观察灯泡的亮度；

3．最后将1米长的细铜丝换成1根1米长的粗铜丝，重复上面的操作，观察灯泡的亮度。

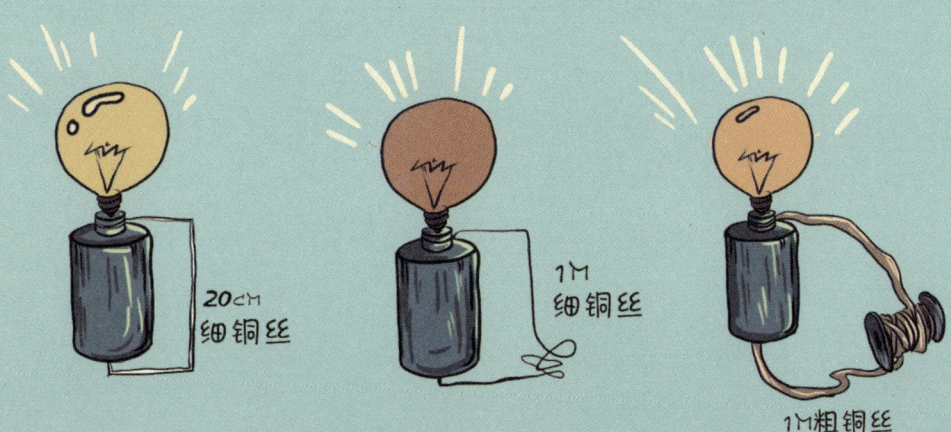

◎**有趣的发现：**

第一次灯泡显得很明亮，第二次灯泡发出微弱的光，第三次灯泡显得明亮了。

丹丹："灯泡发出的光，为什么一会儿明亮，一会儿暗淡呢？"

孔墨庄叔叔："我们知道，水在河道里流动，不可避免地会遇到一些石头、泥沙等，这些东西都会使水在流动时受到阻碍。同样，电流在导线中流动时，也不可避免地会遇到一些阻力，这些阻力就叫电阻。不同的导线，对电流的阻力也不一样。就是同一种导线，粗细、长短不一样，对电流的阻力也不一样。导线越粗，横截面的面积越大，电阻就越小；导线越细，横截面的面积越小，电阻就越大；导线越长，电阻也越大。所以，同样粗细的铜丝，1米长的比20厘米长的电阻大，而电阻越大，小灯泡发出的光就越暗淡；而同样都是1米长的铜丝，粗的比细的电阻小，而电阻越小，小灯泡发出的光就越明亮。"

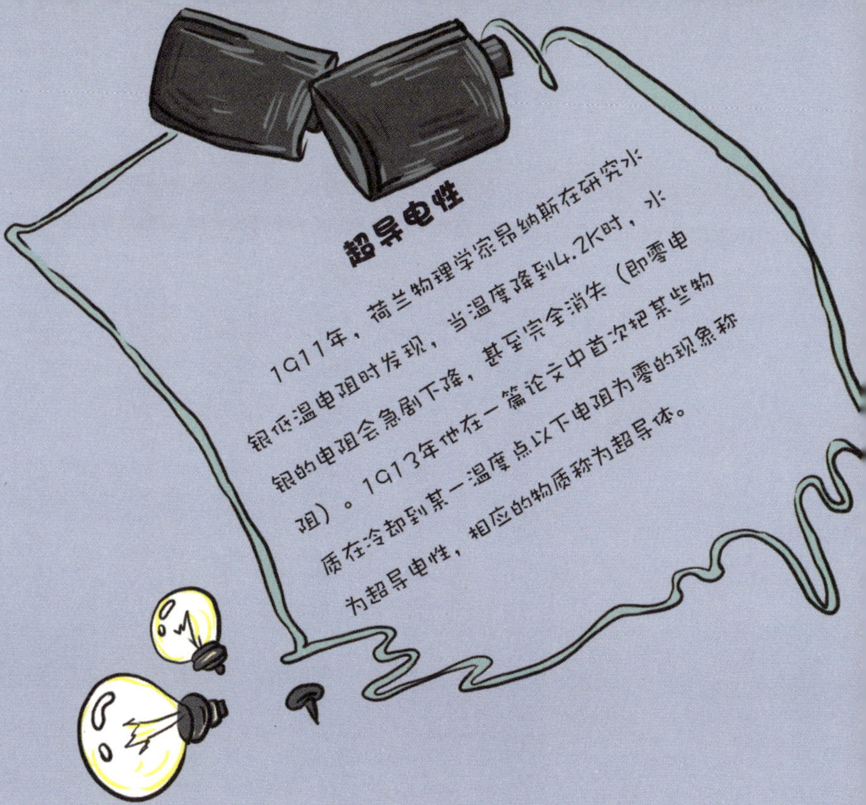

超导电性

1911年,荷兰物理学家昂纳斯在研究水银低温电阻时发现,当温度降到4.2K时,水银的电阻会急剧下降,甚至完全消失(即零电阻)。1913年他在一篇论文中首次把某些物质在冷却到某一温度点以下电阻为零的现象称为超导电性,相应的物质称为超导体。

下雨天,皮皮和丹丹正在为停电而争论。

皮皮说:"丹丹,你知道为什么一刮风下雨我们这就停电吗?"

丹丹道:"电工说电是一直顺着电线走的,肯定是刮风下雨电线被淋湿导致太滑了,电在半路'摔'地下了。"

皮皮:"哈哈,你可真会开玩笑。"

电机转速的奥秘

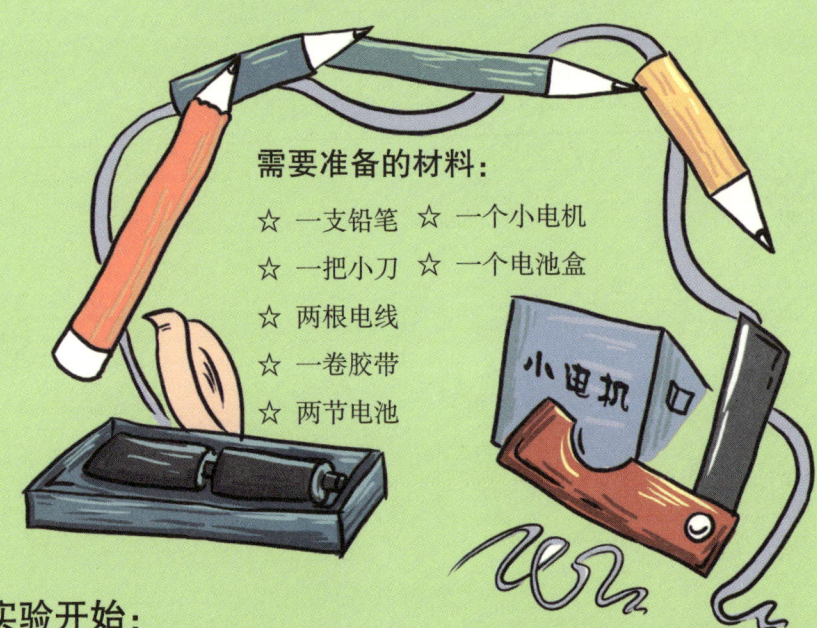

需要准备的材料：

☆ 一支铅笔　☆ 一个小电机
☆ 一把小刀　☆ 一个电池盒
☆ 两根电线
☆ 一卷胶带
☆ 两节电池

◎ 实验开始：

1．拿出铅笔（约12厘米），用小刀从铅笔的顶端向下劈开，劈成两半。千万别把里面黑色的铅劈开，要让铅完好无损地保留一半以上；

2．然后用一根电线顶在铅笔的一头，必须使电线里的铜丝接触到黑铅上；

3．最后拿出另一根电线，用小刀割去电线一端的绝缘体，使铜丝露出3厘米，并做成一个铜丝圆套，让这个圆套卡在铅笔的另一端；

4．把电池装进电池盒，将自制变阻器接到连接小电机的一条电线上，滑动铜丝圆套看看会有什么变化发生。

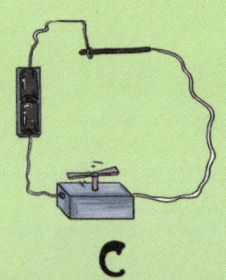

◎ **有趣的发现：**

圆套离对面的电线越远，电机就转得越慢。反之，电机就转得越快。

皮皮："电机的转动为什么有时快有时慢呢？"

孔墨庄叔叔："这是一个简单的滑动变阻器，铅笔里面黑色的铅就相当于电阻线，通过改变接入电路部分黑铅的长度就可以改变电阻。电阻的变化会直接影响电流大小的变化，当电流发生变化时，小电机因电流的变化也发生了变化。当电阻值比较小时，小电机就会接收到比较强的电流，因而小电机也就有较大的转速。反之，小电机的转速就会因接收到较少的电流而降低。"

新旧电池不应混用

人们在收音机、录音机以及电动玩具中都用到电池。有人把新电池和旧电池混着使用,这是很不科学的。因为旧电池使用时间较长,电能消耗很多,而电阻却增大了。这样,新旧电池串联混用,新电池的电流经过旧电池,就会把电量变为热量消耗掉。这种无功能的消耗,直到新旧电池的电压达到平衡时才能停止。这时,新电池也就成了旧电池了。为了避免这种无意义的消耗,新电池不能同旧电池串联一起使用。

物理课上,孔墨庄叔叔看见嘉嘉趴在桌上睡觉,于是大喊道:"嘉嘉,请站起来,回答一下我的问题:什么是电阻?什么是电源?"

嘉嘉大概睡迷糊了,回答道:"店主(电阻)就是商店的老板,店员(电源)就是商店的伙计。"

灯泡为什么不亮

需要准备的材料：

☆ 一支手电筒

☆ 一小截电线

◎ 实验开始：

1. 打开手电筒，看到灯泡亮了，说明手电筒能正常工作；

2. 把手电筒拆开，取出电池和灯泡，把灯泡放在电池的正极上，看看灯泡会不会亮；

3. 将电线两端的塑料外皮剥去，将电线一端缠在灯泡螺丝处，把灯泡底部固定在电池顶端，用电线另一端接触电池底部，看看灯泡会不会亮。

◎ **有趣的发现：**

把灯泡放在电池的正极上，灯泡没亮；用电线把灯泡的底部和电池的负极连起来，灯泡亮了。

丹丹："为什么灯炮就亮了呢？"

孔墨庄叔叔："第一次我们仅仅把灯泡放在电池上，经过灯泡的电流没有构成回路，所以它是不会亮的。第二次我们用电线把灯泡的底部、电池的正极底座边缘和电池的负极连起来，这样就形成了回路，灯泡才会亮。"

触电急救

触电急救的最好办法是切断电的回路，例如关掉电闸，拔掉插销等。我们知道，人体是能够导电的，如果用手摸到了暴露铜丝的电线，电流就会从电线流过触电人的身体，然后入地，因为大地也是传电的，它也好比一条粗电线。这样，电源（发电机）、电闸、电线、触电人和地面就构成了一个完整的回路。如果救援的人不去切断电路，反而用手去拉触电人，就立刻会有一部分电流从触电人身上流到救援人身上，再流入地面。这样一来，救援不成，反倒陪着触了电。万一电闸、开关或插座离得远，一时来不及去切断电路，可以就近拿一些干燥的木棍、扁担、竹竿或木制家具，迅速地把电线或电器拨开，使触电人脱离险境。

嘉嘉跟孔墨庄叔叔去医院看病，遇到一位骨折的患者，就问他："你是怎么骨折的？"

患者说："我觉得鞋里有沙子，就扶着电线杆抖鞋，我抖啊抖……有人经过这里，以为我触电了，便抄起木棒给了我两棒！"

曲别针控制明灭

需要准备的材料：

☆ 一小块木头

☆ 两枚图钉

☆ 一枚金属曲别针

☆ 两根两端各剥出4厘米绝缘材料的电线

◎ 实验开始：

1. 将两枚图钉按在木块上，中间保持5～10厘米的距离。图钉的头部与木块之间留有一点儿缝隙；

2. 取两根两端没有绝缘体的电线，将一根电线一端裸露的部分缠在一枚图钉上，然后将图钉按进木块内以固定电线；

3. 将曲别针弯成"S"形，并把它的一端钩在另一枚图钉上，再在这枚图钉上缠上另一根电线，将其按进木块里以固定电线和曲别针。确保曲别针接触到另一枚图钉，如果不行的话，就再把它弯大点儿；

4. 最后在两根电线的另外一端中间顺次连接上一个小灯泡、一节干电池。

◎**有趣的发现：**

当你按下曲别针时，使它能够与第一枚图钉的头部相接触，小灯泡亮了；而当你松开手时，曲别针可以弹回去使电路断开，小灯泡就灭了。

皮皮："小灯泡为什么会出现明灭的变化呢？"

孔墨庄叔叔："电的流动需要有一条不间断的路径，电荷会不断地在这条路径中移动。路径断开后，电荷就会停止移动。无论在什么地方断开，只要路径不再完整，电流就会中断。实验中的曲别针相当于一个开关，可以控制电路断开和闭合，当你按下曲别针，它处于'开'的位置时，电流就会流通；而当你松开手，它处于'关'的位置时，电路就会断开，电流就不再继续流动。"

拉线开关

开关有好多种,有刀形开关,又叫闸刀开关或电闸;还有灯头开关、墙上开关、铁壳开关等;还有种能拉线的,就叫拉线开关。家庭用的开关,最好是拉线开关。因为这种开关按下来的长拉线是不导电的,我们的手不会直接碰触开关,所以最安全。其他开关的外壳,虽然多数是采用瓷或胶木等不传电的材料做成的,但如果外壳有裂缝,就容易漏电,所以不如拉线开关安全。

某一天,皮皮头上顶着一个大包来到了实验室。大家都很吃惊,孔墨庄叔叔问道:"皮皮,你的头怎么了?"皮皮哭丧着脸说,经过他的建议,他的家里都换上了拉线开关。皮皮看着拉线开关的拉绳,突然联想到动画片《人猿泰山》中丛林里垂着的一根根藤条。于是他就模仿泰山借助藤条在丛林里飞行的动作,拽着拉绳一跃而起,结果只听"咚"的一声,拉绳断了……

孔墨庄叔叔哈哈大笑:"你那么重,拉绳那么细,当然会断掉啊,以后可不要这么冒险了哦!"

电流为何增强

需要准备的材料：

☆ 一个电流表　☆ 一张吸水纸
☆ 三枚硬币　　☆ 一袋盐
☆ 一块钢棉
☆ 一把剪刀
☆ 一盒水
☆ 二个铁的螺丝垫圈

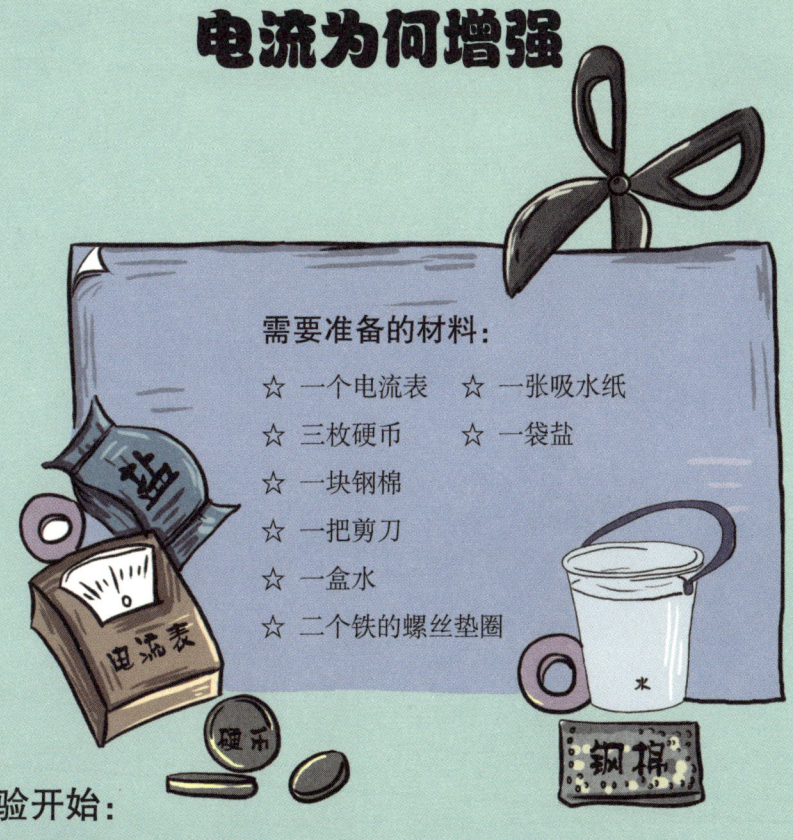

◎ 实验开始：

1．用钢棉将硬币与垫圈打磨光滑。用剪刀将吸水纸剪成4份，每份剪成硬币大小的圆；

2．将圆纸放在盐水中浸透，再将这片潮湿的圆纸夹放在一个硬币与一个垫圈之间。用你的电流表检测其电流是否已经产生；

3．再做好另两个这种组合，并将三个这样的组合摞成一摞；

4．在每一个组合中的硬币和与之相邻的组合中插一张被盐水浸泡过的

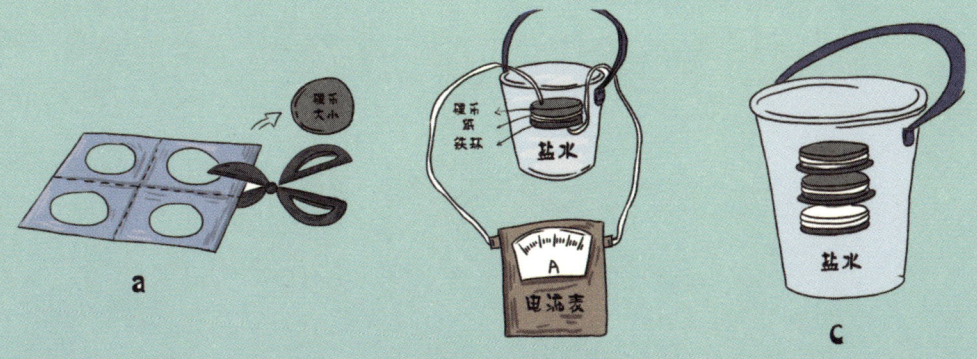

圆纸。换句话说,不要让两枚硬币直接接触,用胶带固定并保证其叠放得很稳定。再测一下电流,是不是增强了?

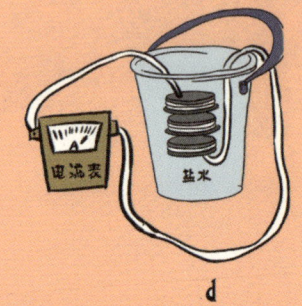

◎ **有趣的发现:**

比较电流表的显示结果,你会发现,三组连在一起比一组产生的电量要大。

皮皮:"为什么会出现这样的现象呢?"

孔墨庄叔叔:"单一的硬币垫圈组能产生少量电流。当三组连在一起时它们相当于组成了一个电池组。三个电池组成的电池组当然会产生相当于一个电池三倍的电流了。汽车的电池组就是由这样一个接一个并列又彼此分开的6个电池组成的,这些电池被串联在一起后,就可以产生相当于单个电池6倍的电能了。"

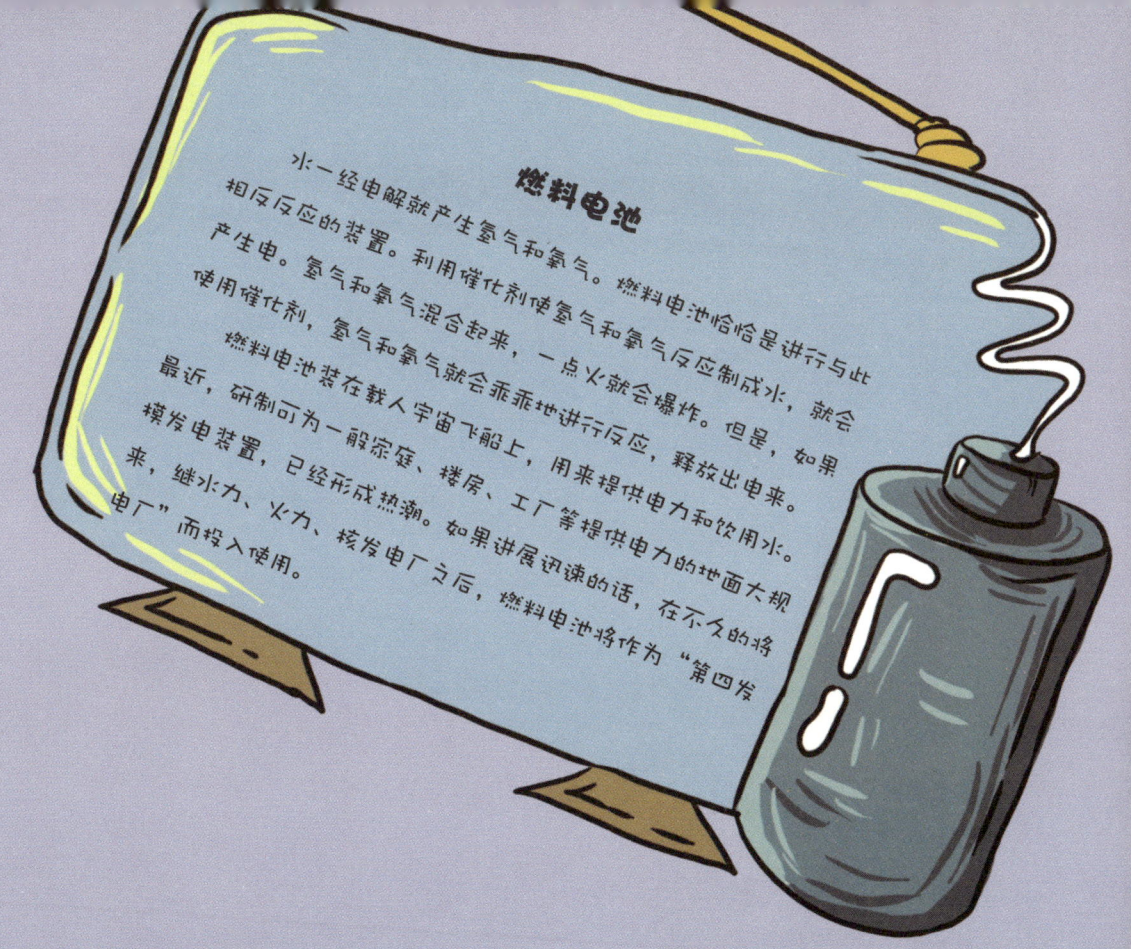

燃料电池

水一经电解就产生氢气和氧气。燃料电池恰恰是进行与此相反反应的装置。利用催化剂使氢气和氧气反应制成水,就会产生电。氢气和氧气混合起来,一点火就会爆炸。但是,如果使用催化剂,氢气和氧气就会乖乖地进行反应,释放出电来。

燃料电池装在载人宇宙飞船上,用来提供电力和饮用水。

最近,研制可为一般家庭、楼房、工厂等提供电力的地面大规模发电装置,已经形成热潮。如果进展迅速的话,在不久的将来,继水力、火力、核发电厂之后,燃料电池将作为"第四发电厂"而投入使用。

停电了,大家正在无聊地盼望着来电的时候,皮皮捧着他的小猪储蓄罐走到孔墨庄叔叔身边,说:"这可是我的私房钱,但是为了大家的光明,我允许你们像实验里那样用它们来发点电,把灯点亮。"

孔墨庄叔叔拍拍皮皮的肩膀,说:"虽然你难得大方一回,但是这些硬币所能产生的电量太微弱了,无法点亮电灯。"

皮皮得意地说:"我猜就会这样,要不然我怎么舍得把我的私房钱拿出来充大方呢,哈哈!"

导体和绝缘体

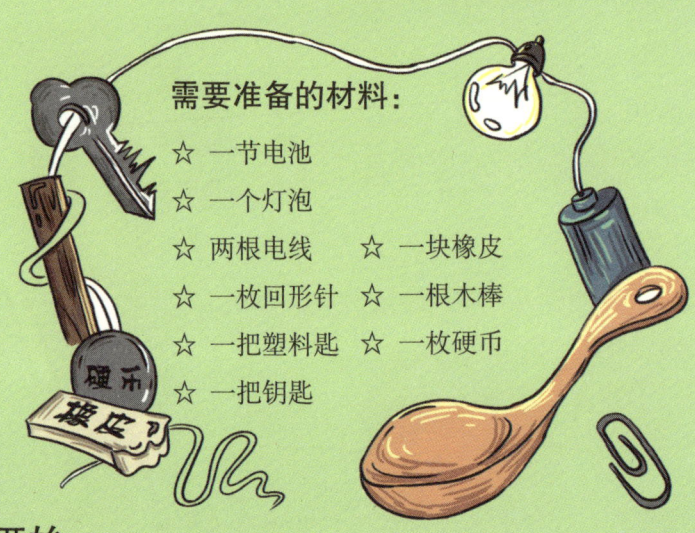

需要准备的材料：

☆ 一节电池
☆ 一个灯泡
☆ 两根电线　　☆ 一块橡皮
☆ 一枚回形针　☆ 一根木棒
☆ 一把塑料匙　☆ 一枚硬币
☆ 一把钥匙

◎ 实验开始：

1．将两根电线两端的塑料外皮剥去；

2．用胶带将一根电线端固定在灯泡螺丝处，灯泡底部固定在电池顶端；

3．另一根电线用胶带固定在电池底部，连接两个电线头，让灯泡亮起来；

4．解开电线接头，用电线两端依次触碰回形针、塑料匙、钥匙、橡皮、木棒、硬币，看看会发生什么现象。

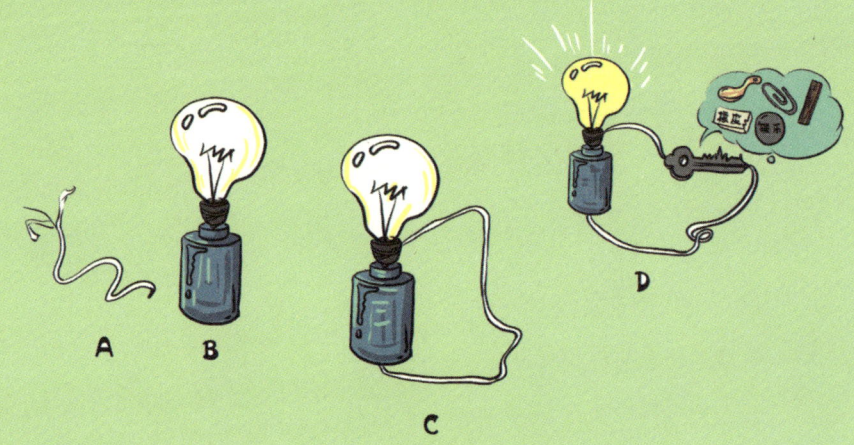

◎**有趣的发现：**

你会发现，如果电线两端触碰的是回形针、钥匙、硬币，灯泡会亮；如果电线两端触碰的是塑料匙、橡皮、木棒，灯泡不亮。

皮皮："灯泡为什么会有时亮，有时不亮呢？"

孔墨庄叔叔："导体大多是由对电子束缚力很小的原子构成的，电子可以很容易地从一个原子移动到邻近的原子那里。当接通电源后，这些可以自由移动的电子便会利用自己的活动能力把导体变成一条通畅的渠道，帮助电流通过。而绝缘体中的电子几乎都被束缚在原子或分子周围，不能移动到别处去，所以绝缘体不能导电。实验中的回形针、钥匙、硬币是导体，所以灯亮了；而塑料匙、橡皮、木棒是绝缘体，所以灯不亮。正因为如此，电线芯都是用导电能力强的金属制作的，而外面包上的橡胶或塑料都是绝缘体，能够防止漏电和触电。"

半导体

有些物体的导电能力介于导体和绝缘体之间，这些物体被称为半导体，例如硅、硒、锗等。半导体内部的电子既不像导体那样容易挣脱原子核的束缚而自由运动，也不像绝缘体那样被束缚得很牢固，所以它的导电能力就介于导体和绝缘体之间。半导体可以用来制造晶体二极管、晶体三极管等半导体元件，它们被广泛应用于制作收音机、电视机、通讯设备、电子计算机等方面。

丹丹特别喜欢隔壁邻居家的大彩电，在她的印象里，大彩电之所以长得大是因为它需要的电量多，就像体积庞大的人通常食量很大一样。于是丹丹跑到爸爸的身边，大声说："爸爸，把别人家的电线都换成绝缘的木棒，让电流都流到我们家，让我们家的小电视多吃点电流，是不是就能变成大电视了呀？"

奇怪的水与油

需要准备的材料：

☆ 一卷胶带 ☆ 一把塑料匙
☆ 一节电池 ☆ 一个小灯泡
☆ 两根电线
☆ 一些盐
☆ 一杯纯净水
☆ 一杯纯食用油

◎ 实验开始：

1. 将灯泡、电线、电池像上面的实验中一样连接后，把电线两端浸入纯净水中，注意线头不要碰在一起，然后观察灯泡有什么反应；

2. 在水中加入盐，用小匙搅拌均匀，再将电线两端浸入盐水中，再观察灯泡有什么反应；

3. 把水换成油再重复一遍刚才的过程，你又会有什么发现呢？

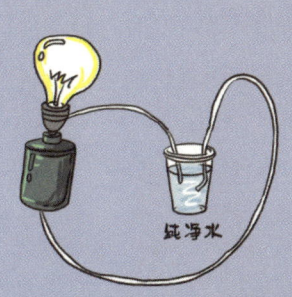

◎ **有趣的发现：**

你会发现，电线两端浸入纯净水中，灯泡不亮，说明纯净水是绝缘体；在水中加入盐后，灯泡发亮，说明盐水是一种很好的导体。把水换成油以后结果和水是一样的。

丹丹："我的天，这是为什么呢？"

孔墨庄叔叔："电线插在纯净水和油中时灯泡不亮，说明纯净水和油都不能导电，它们是绝缘体。而当食盐溶于水后，会产生两种离子。这两种离子一种带正电，一种带负电。正是这两种离子使水变得可以导电了，所以灯泡会发亮。"

人体是导体

我们知道人体含有脂肪、蛋白质、葡萄糖等，这些化合物都不能电离不能导电，它们都是非电解质。但人体内还有大量的水、酸、碱和盐类，例如，酸有胃酸、碳酸、醋酸、乳酸、柠檬酸等，盐有氯化钾、氯化钠等。这些酸、盐都能电离，它们的水溶液都能导电，所以人的身体也能导电。

人体触电会造成伤害事故，这是因为人体电阻大，当电压高、电流强时，电流通过人体放出大量的热，温度急速升高，从而破坏人体组织造成伤亡。在医院里用电疗法治病，也是利用人体含电解质能导电的性质，通过电流改变离子的移动方向，影响神经系统的兴奋性，以达到治疗的目的。

皮皮正在看电视，忽然停电了。皮皮问："孔墨庄叔叔，怎么总是停电？"

孔墨庄叔叔："刚才电话联系过了，听说是高压线路出故障，电工正在抢修呢。"

皮皮气愤地说："要我看，根本就不是高压线除了故障，一定是哪个糊涂鬼把电源掉进纯净水或油里面了。"

孔墨庄叔叔笑了，说道："难道你以为电源只是个小玻璃球吗？哈哈！"

绝缘体也导电

需要准备的材料：
- ☆ 一根木条
- ☆ 一个小灯泡
- ☆ 两根电线
- ☆ 一节电池
- ☆ 一根棉签
- ☆ 少许盐水
- ☆ 一卷胶带

◎ 实验开始：

1．将两根电线两端的塑料外皮剥去，用胶带将一根电线端固定在灯泡螺丝处，灯泡底部固定在电池顶端；

2．另一根电线用胶带固定在电池底部，用木条连接两个电线头，观察灯泡是不是会亮；

3．用蘸盐水的棉签把木条擦湿，再观察灯泡是不是会亮。

◎有趣的发现：

第一次灯泡不亮，说明木条不导电，是绝缘体。第二次灯泡亮起来了，说明有电通过了，湿木条能导电，变成了导体。

皮皮："真不可思议！"

嘉嘉："大叔，这是怎么回事啊？"

孔墨庄叔叔："这是因为绝缘体并不是绝对不导电。在某些条件下，绝缘体也是可能变为导体的。如干燥的木条是绝缘体，用蘸盐水的棉签把木条擦湿便成了导体；干布不导电，但湿布能够导电。所以，在有电的地方千万要小心，不要用潮湿的手去开启各种电器；大扫除时，千万不能用湿抹布去擦电灯开关、灯头、插座等带电物体。"

触电伤害

触电造成的伤害可分为两种：电伤和电击。

电伤：因触电使人体外表局部受伤，往往人会被电打开，不会被电吸住，但会造成烧伤和电烙印。

电击：触电时有很强的电流通过人体，电流产生的热会烧坏表皮，使皮肤的电阻突然降低，而通过人体的电流随之加大，由此导致神经细胞受伤，产生局部麻痹。人被电吸住，不能摆脱，一部分电流通过心脏，引起心脏及呼吸器官麻痹，可能会造成伤亡事故。

邮递员送来一封电报，丹丹用筷子夹着，小心地走进屋里："孔墨庄叔叔，你的电报。"

孔墨庄叔叔见了，又好气又好笑地问："为什么用筷子夹着电报？"

丹丹说："我怕触电呀！"

孔墨庄叔叔："电报并没有电。"

铁皮的魔力

需要准备的材料：

☆ 一摞书　　　　☆ 一片铝片
☆ 一个条形磁铁　☆ 一片铜片
☆ 一根细线　　　☆ 一片塑料片
☆ 一枚回形针　　☆ 一片玻璃片
☆ 一块木片　　　☆ 一片铁皮

◎ **实验开始：**

1. 在桌上放一摞书，把条形磁铁压在书本间；

2. 用细线系住一枚回形针，细线的一端被图钉固定在桌面上，细线的长度应调节到使回形针正好被磁铁吸住但又不碰到磁铁；

3. 分别把木片、铝片、铜片、塑料片、玻璃片、铁皮伸入回形针与磁铁间，看看回形针会有什么反应。

◎ **有趣的发现：**

把木片、铝片、铜片、塑料片、玻璃片分别伸入回形针与磁铁间，可看到回形针毫无反应；将一块铁皮伸入回形针和磁铁之间，回形针一下就掉到了桌面上。

孔墨庄叔叔："以上现象可说明，磁力能顺利地穿过木片、塑料片、玻璃片等非金属物质，也能穿过铝、铜等金属物质，不会吸住它们。但铁片却能吸收磁铁的磁力，致使磁铁对回形针不再起作用（铁片起着阻止磁力线的作用）。如果你用较厚的铁片去试的话，可发现它比薄铁片更能阻止磁力线的通过。利用这种原理，在受磁场影响较大的地方，人们把钟表放在软铁做的铁盒里，避免钟表被磁化。"

皮皮："铁皮居然有这样的魔力！"

牧童奇遇

传说古希腊有个牧童，他的名字叫梅格尼士，有一次他正在山上放羊，无意中将他的铁制牧棍的一端搁在了一块石头上，当他再要拿起铁棍时，发现牧棍像被什么东西拉住了似的，拨也拨不动。后来，梅格尼士遇到能吸住牧棍的怪石头的事越传越广，人们就把这种石头叫作梅格尼士的石头。现在人们则常把没有提炼过的含有磁铁的矿石叫作磁石。

孔墨庄叔叔两岁的小孙女不小心吞下了一点碎磁铁，他知道后急忙将孙女送到医院急诊室。医生检查了一下，说："没什么问题，这些碎磁铁会在一两天内排出体外。"

孔墨庄叔叔还是有点不放心，便问："那我怎么才能知道完全排出了呢？"

一旁的嘉嘉说："我倒有个好办法！你可以将你的小孙女贴在冰箱上，如果她从冰箱上滑下来，那就说明磁铁已排出了体外。"

孔墨庄叔叔说："虽然我现在心急如焚，可还是要告诉你，你的方法不具备可行性。"

铁屑形成的花纹

需要准备的材料：

☆ 一个小盘子
☆ 一个塑料袋
☆ 一张手工纸
☆ 一些沙
☆ 一块条形磁铁

◎ **实验开始：**

1. 将磁铁放入塑料袋中，接着在沙堆里搅拌；

2. 然后拿出塑料袋放到小盘子里，取出磁铁，铁屑就掉下来了。反复多次，采集到足够的铁屑；

3. 磁铁放在美工纸上，在周围均匀地撒上收集到的铁屑。轻轻敲打手工纸，看看纸上的铁屑会出现什么变化。

◎**有趣的发现:**
你会看到,纸上的铁屑会形成绕着两个磁极的花纹。

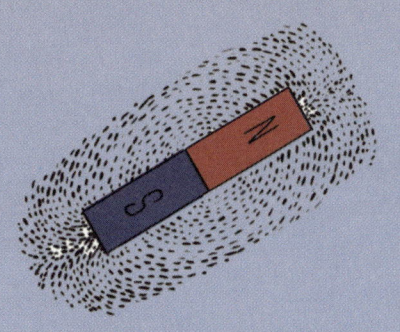

孔墨庄叔叔:"所有的磁铁都被不可见的磁力线包围着。虽然磁力线、磁力和磁场都是看不见的,但是我们可以利用带有磁性的材料来发现它。铁屑质轻、小巧而且很容易被磁铁吸引,落在纸上的铁屑在磁力和振动的作用下,会有序地排列成弧状线条,显示出磁力作用的方向。磁极附近的铁屑较多,表明磁极的磁力较强;中央铁屑分布较稀疏,表明那里的磁力较弱。环绕地球的磁力也是这样的。"

皮皮:"真奇怪,纸上的铁屑怎么会形成花纹呢?"

海龟认路

在交配季节，海龟行走数千英里来到曾经的出生地进行产卵。长期以来科学家们一直很想知道海龟是怎样找到它们的出生地的，并且它们总是直接前往目的岛屿，直线游过大海。

海洋生物学家认为海龟的运行是在地球磁场的导航下完成的。同样，很多其他动物（包括蜜蜂、鸽子、鲸鱼和海豚等）也被认为是借助地球磁场来辨认方向的。

科学家们已在这些动物的大脑里发现了微小的铁磁块，他们认为这种晶体起着微型指南针的作用，可以帮助这些动物感应地球磁场。有些科学家认为人类也能感觉到地磁。很多人在被蒙上眼睛并旋转后，仍能正确地指出方向。

一天，皮皮在玩一块磁铁。

正好孔墨庄叔叔看到了，伸手就来拿。结果"嗖"的一下，磁铁吸在了孔墨庄叔叔的金戒指上面。

皮皮叫道："天哪，博士的金戒指有磁力！"

孔墨庄叔叔好尴尬。

神秘的力量

需要准备的材料：

☆ 两块条形磁铁

◎ 实验开始：

和你的朋友各拿一块条形磁铁，先将红色部分相对，然后将蓝色部分相对，最后将红色和蓝色相对。你感觉到了什么？

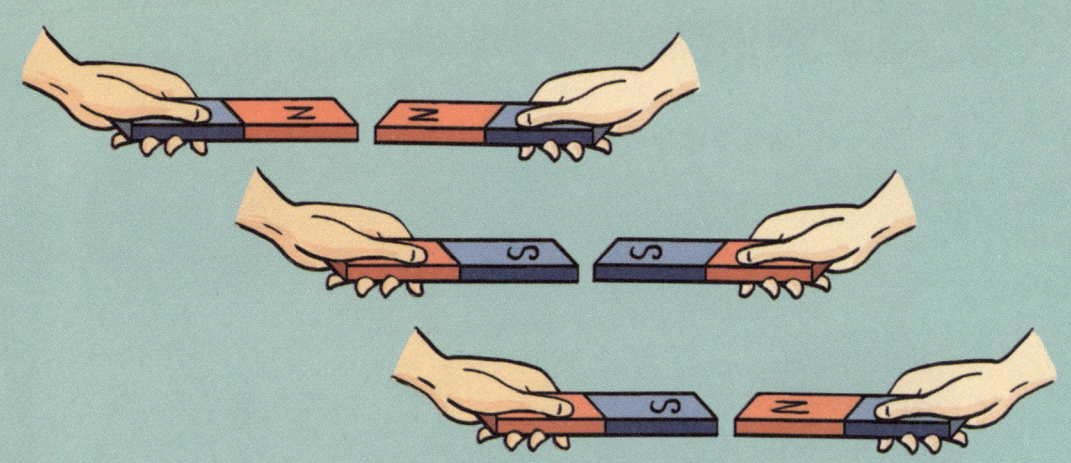

◎**有趣的发现：**

红色部分相对和蓝色部分相对的时候，你会感觉一股排斥的力量，你很难让它们靠近到一起。而红色部分和蓝色部分相对的时候，你会感到有一股吸引的力量使它们紧贴在一起。

孔墨庄叔叔："磁铁的两端叫作极，分别是S极和N极。当两个磁体的S极相互靠近时就会相互排斥，靠得越近斥力越大。而两个N极相互靠近，情况也一样。当S极和N极靠近时，则会相互吸引，靠得越近吸引力越大。而条形磁铁的红色部分是N极，蓝色部分是S极，所以红色部分相对或是蓝色部分相对时会相互排斥，靠得越近斥力越大。而红色部分和蓝色部分靠近时，则会相互吸引，靠得越近吸引力越大。"

皮皮："为什么磁铁之间有时会有引力，有时会有斥力呢？"

磁存储

许多设备中都有磁体,磁体在我们周围随处可见,磁体最重要的应用之一就是在计算机中的应用。计算机中有很多的存储装置,例如硬盘和软盘。硬盘固定在计算机中,而软盘是可移动的,两者都涂有磁性物质。一个叫作读写磁头的装置将数据储存在磁性物质中。读写磁头通过感应金属盘片上的磁信号来读取数据,通过改变磁性涂料的磁来写入信息。一些大型计算机需要存储大量信息,就要用到磁带,它是涂有磁性物质的塑料薄膜。同样的原理也被应用在存储声音和图像信息的录音磁带和录像带中。

变化的磁场将磁信号记录到磁盘或磁带上,这种磁场是变化的电流通过录音磁头上的电磁铁时产生的。当放音时,经过放音磁头的磁带产生的磁场不断变化,从而产生了变化的电流,放大后就可以输出声音信号。

一个周末,皮皮的妈妈正在缝补衣物,在一旁玩耍的皮皮不小心碰翻了妈妈用来放针的小盒子,盒子里的几根针也跟着掉在了地上。

妈妈立刻起身在地上寻找,却怎么也没法找齐,顿时火冒三丈,刚要张嘴训斥皮皮。只见皮皮从身后拿出一块磁铁,认真地在地上吸了起来,不一会就把缺失的针找齐了。

妈妈惊讶地问道:"天哪,宝贝,你什么时候变得这么聪明啊?"

皮皮一脸得意地说:"这也许就是孔墨庄叔叔常说的'学以致用'吧!"

"固执"的缝衣针

需要准备的材料：
☆ 一把剪刀
☆ 一块马蹄磁铁
☆ 一个碗
☆ 一张蜡纸
☆ 一根缝衣针
☆ 少许水

◎ **实验开始：**

1．用针尖在马蹄形磁铁的一个末端磨擦50次左右，然后用针头在磁铁的另一个末端摩擦50次左右。这样，这根针便有了磁性。磨擦针时，应把针从磁铁的中间向外侧拉动，并保持同样的方向。同时，只有把针拉至远离开磁铁才能算一次，摩擦的次数越多越好；

2．从蜡纸上剪下一块直径约3厘米的纸片，并把磨擦过磁铁的针小心地从圆形纸片的一侧插过去，再从另一侧穿出来，就像缝衣服时一样；

3．现在，把装满水的碗放到桌上，再将插有针的蜡纸浮到碗中的水面上，让针的大部分向上浮在水面上。轻轻地转动纸片，连续几次改变针的方向。

◎ **有趣的发现：**

当针在水面上停止移动时，针总是指向同样的方向，不管转动几次都一样。

孔墨庄叔叔："在磁场中，有些原来没有磁性的物质也能变成有磁性的物质，这种现象叫磁化。实验中的缝衣针之所以能够指着固定的方向，就是因为它被磁化了。而地球本身就是个大磁体，也有着N极和S极。当针被磁化后，自然就会被地磁吸引，指向固定的方向了。"

皮皮："指针为什么会'固执'地指向同样的方向呢？"

司南

战国时代，我国人民就利用磁铁制造了一种指示方向的工具，叫作"司南"。"司南"就是指南的意思。司南的形状和现在的指南针完全不同。它是模仿我国古代的勺子的形状制成的，很像我们现在用的汤匙。司南做好以后，还得做一个光滑的底盘。使用的时候，先把底盘放平，再把司南放在底盘的中间，用手拨动它的柄，使它转动。等到司南停下来，它的长柄就指向南方，勺口则指向北方。司南是世界上最早的指南针。

丹丹："孔墨庄叔叔，我送给你一个指南针，这是我自己做的。"

孔墨庄叔叔："你留着玩吧，我也用不到它。"

丹丹："孔墨庄太太不是总是说您从酒吧出来就找不到北了吗？"

趣味钓"鱼"

需要准备的材料:
- ☆ 一根筷子
- ☆ 一把剪刀
- ☆ 一卷胶带
- ☆ 一些水
- ☆ 一支笔
- ☆ 几枚回形针
- ☆ 一个浅水盆
- ☆ 几张美工纸
- ☆ 一根细绳
- ☆ 一块小磁铁

◎ **实验开始:**

1. 在纸上画出鱼的形状,然后用剪刀把它剪下;
2. 在每条"鱼"上都别上一个回形针,你可以别在不同的位置;
3. 把细绳的一端系上磁铁,另一端系到筷子上,做成钓鱼竿;
4. 水盆中倒入水,将"鱼"放到水上面,如果"鱼"沉下去也没关系;
5. 拿着钓鱼竿,把它慢慢地放到水面上,你会发现什么现象?

◎**有趣的发现：**

你会看到，磁铁会把"鱼"钓上来。

皮皮："钓鱼竿根本没有接触到'鱼'！"

嘉嘉："'鱼'是怎样被钓上来的呢？"

孔墨庄叔叔："这都是磁力的作用呀！回形针是铁做的，能够被磁力吸到磁铁上的，而且磁力在水中也不会受到影响，因此你也可以钓到沉入盆底的'鱼'。如果你做两根鱼竿，就可以和朋友比赛，看看谁钓的'鱼'多了。"

磁共振成像技术

现代医学有很大一方面依赖于仪器对身体内部器官的成像能力。目前已有很多技术能够以各种方式做到对身体内部器官进行成像,其中很重要的一项就是磁共振成像技术。

当病人进行磁共振成像检查时,只需把需要检查的部位置于磁共振成像扫描仪下。仪器能产生磁场强度高于地磁场上万倍的磁场,病人需检查的部位很快便会被笼罩在电磁波中。磁场会使人体内的氢原子处于能够吸收电磁能量的状态。当停止电磁波辐射后,这些氢原子会以电磁波的形式释放出它们吸收的能量,探测器将捕获这些电磁波,并由计算机把它们转化为描绘人体内部器官的彩色图像。图像的颜色和亮度可以显示人体相应部位的组织结构的病变情况。

皮皮兴高采烈地说:"哈哈,看来有了这个实验之后,不出门也能享受钓鱼的乐趣啦!"

丹丹点点头,接着说:"我还要剪一些小螃蟹、小海星和小贝壳……"

嘉嘉说:"你俩还真会享受生活。"

磁铁的力量

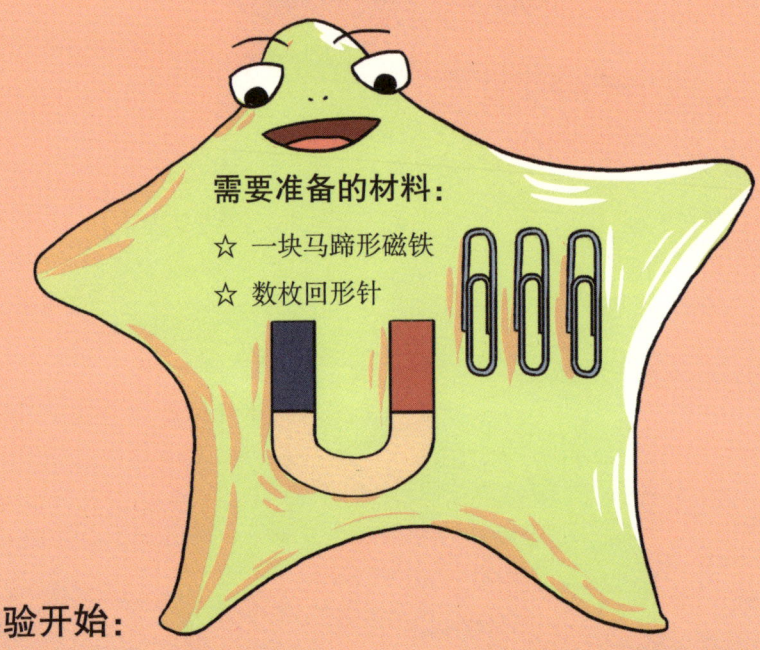

需要准备的材料：
☆ 一块马蹄形磁铁
☆ 数枚回形针

◎ 实验开始：

1. 把马蹄形磁铁平吊在桌子上方，用一枚回形针的一端先接触马蹄形磁铁的一端，再把第二枚回形针的一端接在上一枚的下端，并依次接下去，直到接不上为止；

2. 按照上面的方法在磁铁的另一端、磁铁的正中间、磁铁的其他部分试一试，看看在磁铁的哪一个部分吸引的回形针数最多。

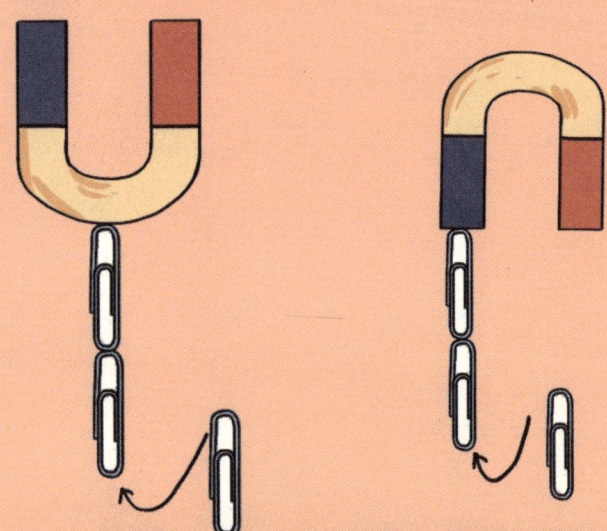

◎有趣的发现：

磁铁末端的地方吸引的回形针最多，正中间处吸引的回形针最少。

皮皮："磁铁的不同位置吸引的回形针数量为什么会不同呢？"

孔墨庄叔叔："同一块磁铁的磁力是不一样的，两端磁力最强，正中间磁力最弱。这主要是由磁铁本身的特性决定的。因为，磁铁都有两个磁极，即南磁极S极和北磁极N极。而在磁铁的中部，两极的磁性达到了平衡，所以磁力在这里就会消失。所以人们用磁铁吸东西时，都是用磁铁的两端来吸的。"

磁铁涂漆的讲究

磁铁有条形、马蹄形等形状,它们通常是用钢或某些铁合金制成的。钢铁易生锈,所以人们会在磁铁上涂漆,以防生锈。一般N极涂红色,S极涂蓝色,颜色鲜明,便于区别。

不过,磁铁的两端口上一般是不涂漆的。磁铁的两端磁性最强,是用来吸起铁制重物的,而磁铁的吸引力会随着磁极与被吸引物体之间距离的加大而减弱。实验表明,当一个条形磁铁与铁块直接接触时能吸引1千克的重物。如果在磁铁与铁块之间隔上一张纸,那么它的吸力就要减少一半,只能吸引0.5千克的重物。所以若在磁铁端口上涂漆,漆层的厚度将大大降低磁铁的吸引力。

孔墨庄叔叔:"这就是磁铁,它永远都分为S极和N极。"

这时嘉嘉站了起来:"我有办法把两极分开!!"

孔墨庄叔叔:"真的?说说看!"

嘉嘉:"把它用剑劈成两半不就得了?"

孔墨庄叔叔:"……"

偏转的指针

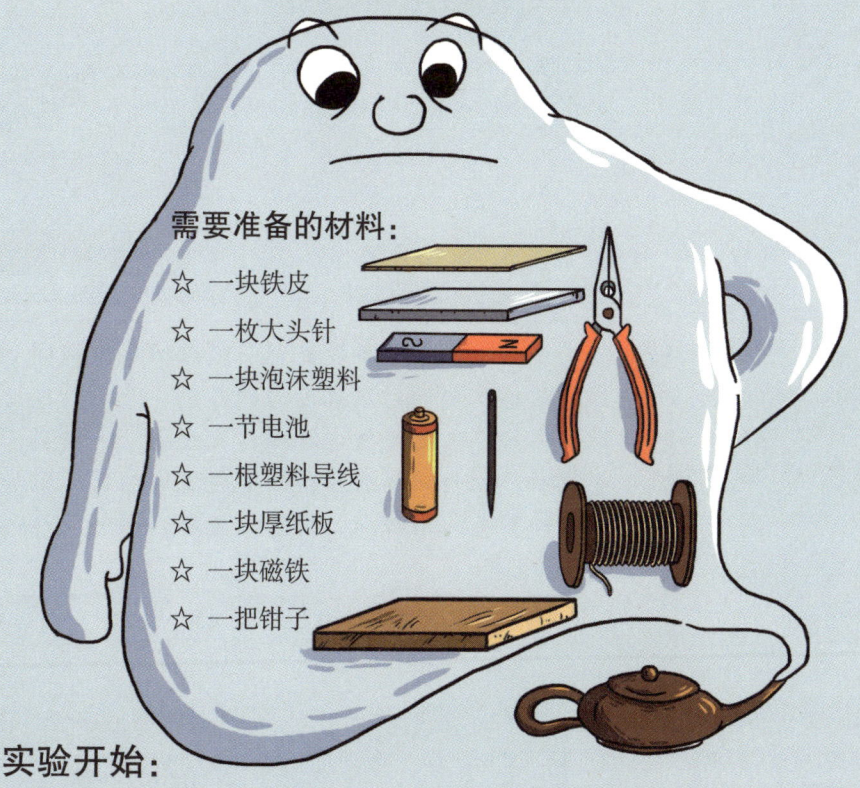

需要准备的材料：
☆ 一块铁皮
☆ 一枚大头针
☆ 一块泡沫塑料
☆ 一节电池
☆ 一根塑料导线
☆ 一块厚纸板
☆ 一块磁铁
☆ 一把钳子

◎ 实验开始：

1. 剪一块0.5厘米×2.5厘米的铁皮，在铁皮上画出指针的图样，然后在铁皮中间，用钉子敲一个凹坑；

2. 用剪子剪下这个指针，并用钳子轻轻敲平；

3. 把大头针穿过厚纸板，让大头针针尖向上，平稳地立在那里，把指针安放在大头针的针尖上；

4. 把指针用磁铁N极沿着一个方向擦几次，然后放回大头针尖上；

5. 把塑料导线放在与指针相平行的上方，尽量接近导线，接通电池正、负极，观察指针的变化。将导线放在指针下方与指针平行处，再次观察指针的变化。

◎ **有趣的发现：**

导线放在与指针相平行的上方时，接通电池正、负极，指针将发生偏转；若导线放在指针下方与指针平行处，接通电池正、负极，指针将改变偏转方向。

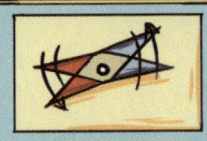
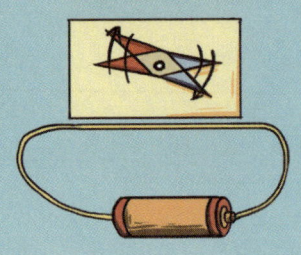

孔墨庄叔叔："这种现象说明通电的导线周围存在磁场，磁场对磁针有力的作用，使磁针发生了偏转。当导线通电时磁针发生偏转，切断电流时，磁针回到原位；改变电流方向时，磁针会向相反方向偏转，切断电流时，磁针又回到原位。"

皮皮："指针为什么会发生偏转呢？"

弹簧的启示

1976年，意大利北部发生了6.7级地震，地震前有一个钟表匠在修理钟表时，想用镊子把弹簧装进去，可是不知什么原因，弹簧总是往外跳，他无论如何也不能把拆开的闹钟装配好，因为这些钟表零件都相互排斥着。地震过后，弹簧却很容易装进去了，钟表零件不再相互排斥了。后来，这种奇异现象使人们醒悟到，这些钟表零件在地震前一定带了电。但是放在绝缘的木桌上的零件为何会带上电呢？这电只能来自空气中，于是有些科学家提出了一些设想：地震前，断层区域一定存在着强烈的摩擦力，由于地层深处压力增大，会产生一种压电效应，它分解了地下水，从岩石与土壤中分离的水分沿着断层蒸发，产生了电荷，弥散在空气中，因而使钟表的零件带上了电，它们相互排斥，弹簧就无法装配进闹钟了。

皮皮问孔墨庄叔叔："您有废旧的手表吗，如果有送给我好吗？"

孔墨庄叔叔说："有倒是有，可是你得先告诉我要废旧的手表做什么用。"

皮皮犹豫了一会，支支吾吾地说："那个，我家的猫胆子小，我要收集手表里面的弹簧，好预测地震，提前通知它逃跑。"

孔墨庄叔叔笑着说："我看是你胆子小吧，每次都用你们家的猫作挡箭牌。"

摆动的缝衣针

需要准备的材料：
- ☆ 一根小木棍
- ☆ 一块磁铁
- ☆ 一根缝衣针
- ☆ 一根细铜丝
- ☆ 一个铁圈
- ☆ 一支蜡烛
- ☆ 一副铁架

◎ 实验开始：

1. 把细铜丝穿过缝衣针的针眼，再穿过铁圈，然后把铁圈固定在木棍上，木棍固定在铁架上；

2. 拿起磁铁，慢慢地靠近缝衣针，使缝衣针被磁铁吸引，但不能靠得太近，不能让磁铁把缝衣针吸住，而是让缝衣针向磁铁移动，并悬在空中；

3. 拿起蜡烛，从下方为缝衣针加热，你会观察到什么现象？

◎有趣的发现：

过一会儿可以看到，缝衣针突然摆脱了磁铁的吸引力，往右边摆了过去，接着又摆了回来。只要烛火不熄且保持回形针在火焰最热处（如果蜡烛烧短了，可垫高些），小针可以不停地来回摆动。

皮皮："缝衣针为什么会来回摆动呢？"

孔墨庄叔叔："缝衣针是铁制的，它受到磁力吸引时就会向磁铁靠近，甚至会被吸引到磁铁上。但我们不让它被吸过去，而是只让它悬空。这时缝衣针停留在磁铁的磁力和自身重力的平衡点上，在磁场中已经被磁化。当点燃的蜡烛加热缝衣针时，受热的缝衣针就退磁了，没有了磁力的缝衣针就会向磁铁的反方向摆动。在摆动的过程中，空气带走了它的一部分热量，温度下降，缝衣针又恢复了易被磁化的性质，重新摆回来了。摆回来的蜡烛重新受烛焰加热，又重复上述过程，摆动不止。"

居里的发现

1880年,21岁的法国物理学家居里,在实验室里试验改变温度对磁铁的影响时,发现当温度到达某一高度时,磁铁的磁性会突然消失。同样,原来可被吸引的镍片、钴片等,被加热到一定温度时也就不能被吸引了。为了纪念居里的发现,人们后来把磁性消失的温度点称为"居里温度"或"居里点"。

一天,孔墨庄叔叔:"奥斯特发现了电生磁,而法拉第发现了磁生电。"

丹丹挠挠头,问:"到底是谁生了谁呀?关系真复杂!

汤匙"表演"的魔术

需要准备的材料：

☆ 一把金属汤匙
☆ 一块磁铁
☆ 一枚铁钉
☆ 一枚曲别针

◎ 实验开始：

1. 用金属汤匙去吸铁钉、曲别针，你会发现根本没有作用；
2. 在手里拿一块磁铁慢慢地在汤匙上来回摩擦；
3. 汤匙将铁钉、曲别针吸起来了；
4. 将汤匙在桌子上一敲，再去吸铁钉、曲别针，你会发现什么呢？

◎**有趣的发现：**

你会发现，汤匙吸不起铁钉、曲别针了，汤匙的磁力又消失了。

孔墨庄叔叔："构成汤匙的金属物质可以被看作一个个的小磁铁，但由于它们的磁场方向不同，作用被相互抵消了，整个汤匙也就没有了磁性。而如果用一块真正的磁铁的磁力，将汤匙内部的小磁铁的磁场强行排列成同一方向的，汤匙就会带有磁力。因此，它就会吸引其他小块的铁。将汤匙在桌子上一敲，其内部小磁铁的磁场排列就重新被破坏掉了，它的磁力也就消失了。"

皮皮："嘿，汤匙一会儿有磁力，一会儿没磁力，难道它有什么魔法吗？"

磁铁与"地震钟"

一百多年前,在日本东京一个眼镜商店的大门口,挂着一块作商店招牌用的1米长的马蹄形磁铁。1855年东京发生大地震前,这块磁铁上所有原来已被吸引住的铁片,突然全部掉落在地上,大约两个小时后,发生了一场摇撼整个东京的大地震。为什么地震前磁铁不能吸铁呢?商店主人根据这一奇异现象,设计了一个"地震钟"。地震来临之前,天然磁石的磁性消失,附着其上的铁钉便自动离开,作用到钟的机构使钟自鸣。

嘉嘉听完关于"地震钟"的介绍之后,很佩服那个眼睛商店的主人。

孔墨庄叔叔对他说:"这其实是一种通过间接现象来判断事物本质的方法。我们可以通过一些实验去判定,比如说让你把浴缸注满水,并在浴缸旁边放一把汤匙和一把舀勺,然后把浴缸腾空。你会怎么做?"

嘉嘉说:"我会把浴缸的塞子拔掉。"

孔墨庄叔叔点点头说:"对,可是有些人却会使用舀勺去舀干里面的水。所以我们可以通过人的行为来判断他的精神状态。而"地震钟"就是利用了这样的原理,通过一些间接的现象判断是否有地震。现在你更了解其中的内涵了吧?"

大头针排排队

需要准备的材料：
☆ 一块条形磁铁
☆ 若干大头针

◎实验开始：

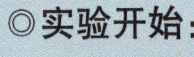

1. 用条形磁铁慢慢接近大头针的针帽一端，轻轻地吸起大头针。注意，不要很快地或大面积地接触大头针，那样就会把大头针全部吸住；

2. 再用磁铁吸住的那枚大头针的针尖接近另一枚大头针的针帽，这时另一枚大头针就会很守纪律地排在了前一枚大头针的后边；

3. 依次这样接近第三枚大头针，又有一枚大头针紧跟着排在了第二枚大头针的后面；

4. 注意！千万不要着急，看看你最终能让多少枚大头针排队。

◎ 有趣的发现：

你会发现七八个大头针一个接一个连在了一起，就像排成了一个长队。

皮皮："大头针怎么会排成长队呢？难道它也知道遵守秩序？"

孔墨庄叔叔："磁铁的磁性非常强，当这些大头针接近磁铁时，大头针就被磁铁磁化了。磁化后的大头针也变成了磁铁，不仅如此，它还会把接近它的铁制品吸起并磁化，这样一个个大头针被不断地磁化并连在一起，就排成了一个长队。"

鸽子根据地球磁场导航

1942年法国一艘海船遇难,一切通讯设备不能使用,仅靠一只鸽子传出信息,乘客从而脱险,巴黎为此建立了鸽子纪念碑。那么,鸽子这种神奇的鸟是怎样辨别方向,准确地飞到目的地的呢?

原来,它是根据地球磁场来确定航向的。有人曾做过这样的试验,给鸽子戴上一副黑色的墨镜,使它看不见太阳光,看不清地面的景物。这只信鸽还是安全地飞回了老家。但是在信鸽的颈部安上一个带磁性的金属圈,结果它一去不复返了,那是带磁的物体干扰了地球磁场的作用,使鸽子迷失了航向。

鸽子又是用什么器官来感受地球磁力线的呢?经过科学家的研究,终于在鸽子的头颅中,找到了一种微小的磁石,它就是使鸽子能够准确归航的秘密"向导"。

孔墨庄叔叔自己的胸卡忽然刷不开门禁,他大声抱怨道:"这卡质量太差了,估计已经没有磁性了。"

恰好一个女邻居过来,听到后半句,立刻横眉立目:"你们雄性也不怎么样!"

浮起来的光碟

需要准备的材料:

☆ 两个环形磁铁（可在废旧扬声器中取得）
☆ 一片废旧薄膜光碟
☆ 一支彩笔
☆ 一把剪刀
☆ 一个纸板
☆ 一卷胶带
☆ 一个光盘桶

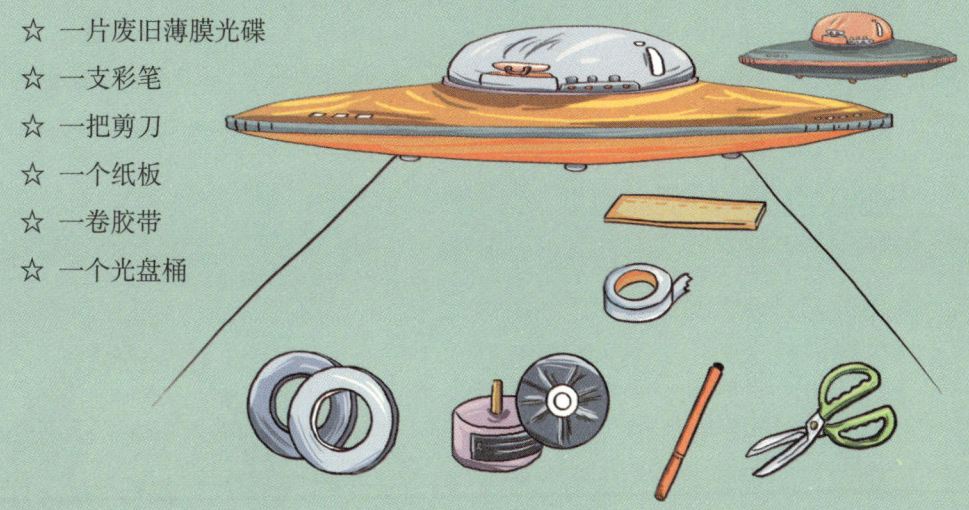

◎ **实验开始:**

1. 把废旧扬声器中的环形磁铁拆下来；
2. 把一个环形磁铁粘在薄膜光碟上，注意要使薄膜和环形磁铁的两个孔相对；
3. 将一个环形磁铁放在光盘桶底上，注意极性相反；
4. 然后，把贴有光盘的环形磁铁再放到光盘桶底上的环形磁铁上，按一按有什么感觉；
5. 用纸板剪辆火车、涂上颜色、贴在光盘上，呜……要开车了。

◎ 有趣的发现：

按一按薄膜光碟，你会感觉到很有弹性，原来薄膜光碟浮起来了。

皮皮："薄膜光碟为什么会浮起来了呢？"

孔墨庄叔叔："这个实验原理很简单，它演示了磁力的极性相同就会相互排斥的原理。这一原理后来被科学家们重视，提出了磁悬浮的设想。当然磁悬浮是高科技的成果，比起这个实验要复杂得多。"

磁悬浮列车

1922年，德国有一个叫赫尔曼·肯佩尔的工程师，经过不断研究探索，首先提出了磁悬浮理论。列车的底部与车轨，就像两块同极的磁铁互相排斥着，列车运行时，上面的磁铁在空中飞速移动，就像是在空中飞舞的风筝。牵引着风筝的那条线，就是磁铁相互吸引的力量，由于吸引力很大，所以无论风筝飞得多快，都不会冲出轨道。

磁悬浮列车就像是飞行在地面轨道上的飞机，由于列车悬浮在空中，阻力很小，因此它的最高速度可以达到每小时500千米以上。以前从北京到广州，乘坐特快列车至少需要20个小时，现在乘坐磁悬浮列车4个小时就能到了。2010年6月，我国上海出现了属于我们自己的磁悬浮列车，这也是世界上的第一条磁悬浮列车示范运营线，它的最高运行速度为每小时430千米，仅次于飞机的飞行时速，真不愧为地面上最快的交通工具！

有一天，嘉嘉问孔墨庄叔叔："妈妈平时叫我多吃菠菜，说菠菜里含铁。我吃那么多，用吸铁石吸了吸，为什么什么也没吸出来？"

奇怪的磁铁

需要准备的材料：

☆ 一个杯子　☆ 一根粉笔
☆ 一个空罐子　☆ 一枚回形针
☆ 一把剪刀　☆ 一块磁铁
☆ 一枚铁钉　☆ 一支钢笔

◎ 实验开始：

1. 把你我到的小剪刀、铁钉等物品分开摆放在桌子上，然后，用磁铁慢慢靠近这些东西，认真看一看会出现什么现象；

2. 然后，你再把所有的东西都堆在一起，把磁铁靠近这些东西，看看会怎样。

◎ **有趣的发现：**

不管你把找来的小东西分开放还是堆到一起，磁铁总能吸住某些东西，而其他的东西却怎么也吸不起来。通过总结，你会发现磁铁能吸住的东西都是铁制的。

皮皮："磁铁为什么能吸住铁制的东西呢？"

孔墨庄叔叔："物质都是由原子构成的，原子是一种非常微小的粒子，带有自己的磁场。多数物质中的原子磁场杂乱无章地指向各个方向，磁场相互抵消，使物体呈现无磁性的状态。其中铁、镍、钴等金属，构成它们的原子磁场会在外界磁场的影响下指向同一方向，而不再相互抵消，这就使它们产生了磁性，于是便能与磁铁吸在一起了。"

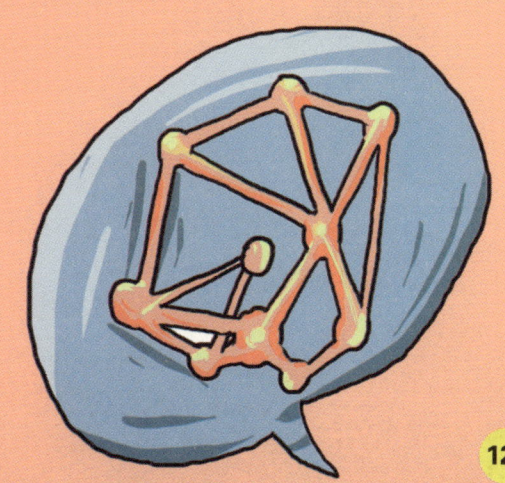

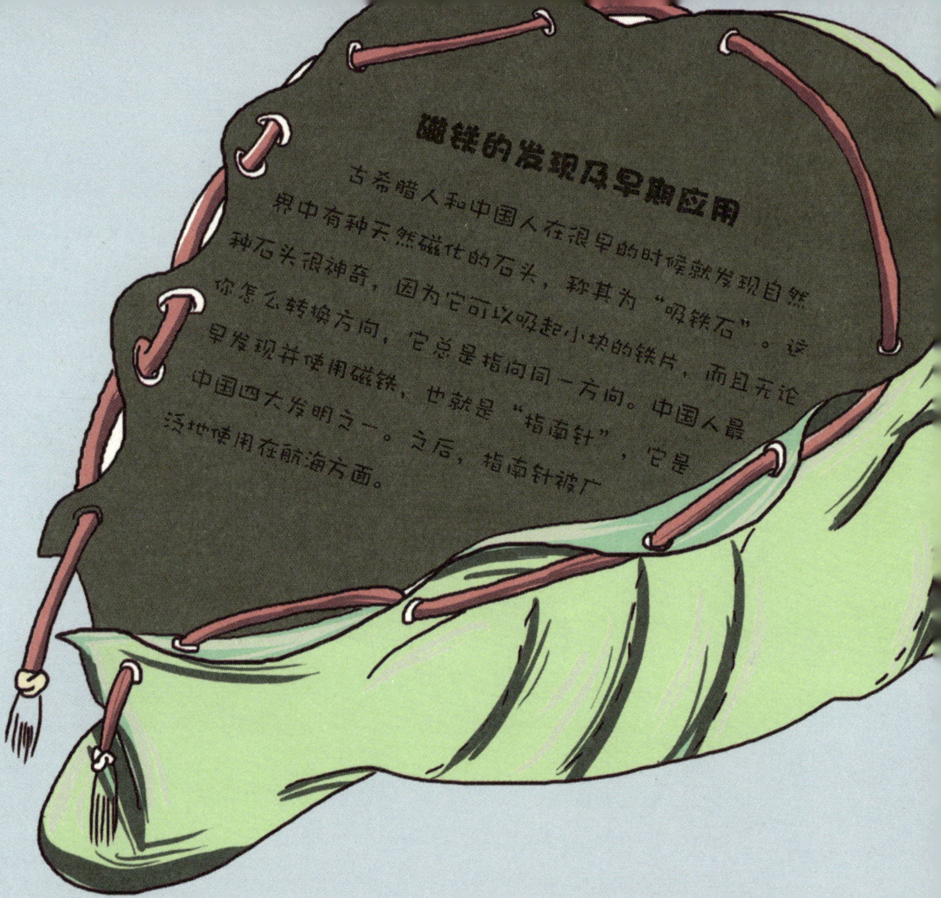

磁铁的发现及早期应用

古希腊人和中国人在很早的时候就发现自然界中有种天然磁化的石头,称其为"吸铁石"。这种石头很神奇,因为它可以吸起小块的铁片,而且无论你怎么转换方向,它总是指向同一方向。中国人最早发现并使用磁铁,也就是"指南针",它是中国四大发明之一。之后,指南针被广泛地使用在航海方面。

孔墨庄叔叔给丹丹买了一个吸铁石,告诉她用这个可以判断物品是不是铁制的。丹丹玩了一会儿,然后将吸铁石放在了孔墨庄叔叔的胸口,可老是掉下来。

她就不解地问:"孔墨庄叔叔,为什么你的心吸不住呢?难道不是铁的……"

沙中淘宝

需要准备的材料:

☆ 一桶沙子
☆ 一块磁铁
☆ 一个塑料袋

◎ 实验开始:

1. 把装有沙子的桶放到地上,将磁铁放入沙中用力搅拌;

2. 过一会儿后,拿出磁铁来,看看上面有些什么;

3. 接着,把磁铁包在一个小塑料袋中,用手握着小塑料袋和磁铁,用力在沙子中搅拌;

4. 过一会儿后,拿出小塑料袋和磁铁,放到一张铺开的白纸上,然后,从塑料袋中取走磁铁,再从白纸上拿开塑料袋;

5. 再次把磁铁放到塑料袋中,伸入沙子中搅拌。一段时间后取出来,重复前面的动作。这个过程可以多做几次,看看白纸上会留下什么。

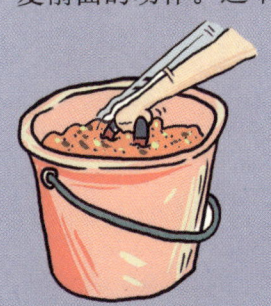  

◎ **有趣的发现：**

磁铁在沙子中搅拌时，会吸起不少的黑色发亮的东西。当你用塑料袋包住磁铁时，同样会吸到不少这样的东西，而且很容易就把这些东西收集到了白纸上。

孔墨庄叔叔："你收集到的物质叫沙铁，是沙子中特有的铁质东西，当你在沙子中搅拌时，这些沙铁就被吸了出来。怎么样，你知道怎样在沙子中寻找宝藏了吧？"

皮皮："这些黑色发亮的东西是什么东西？"

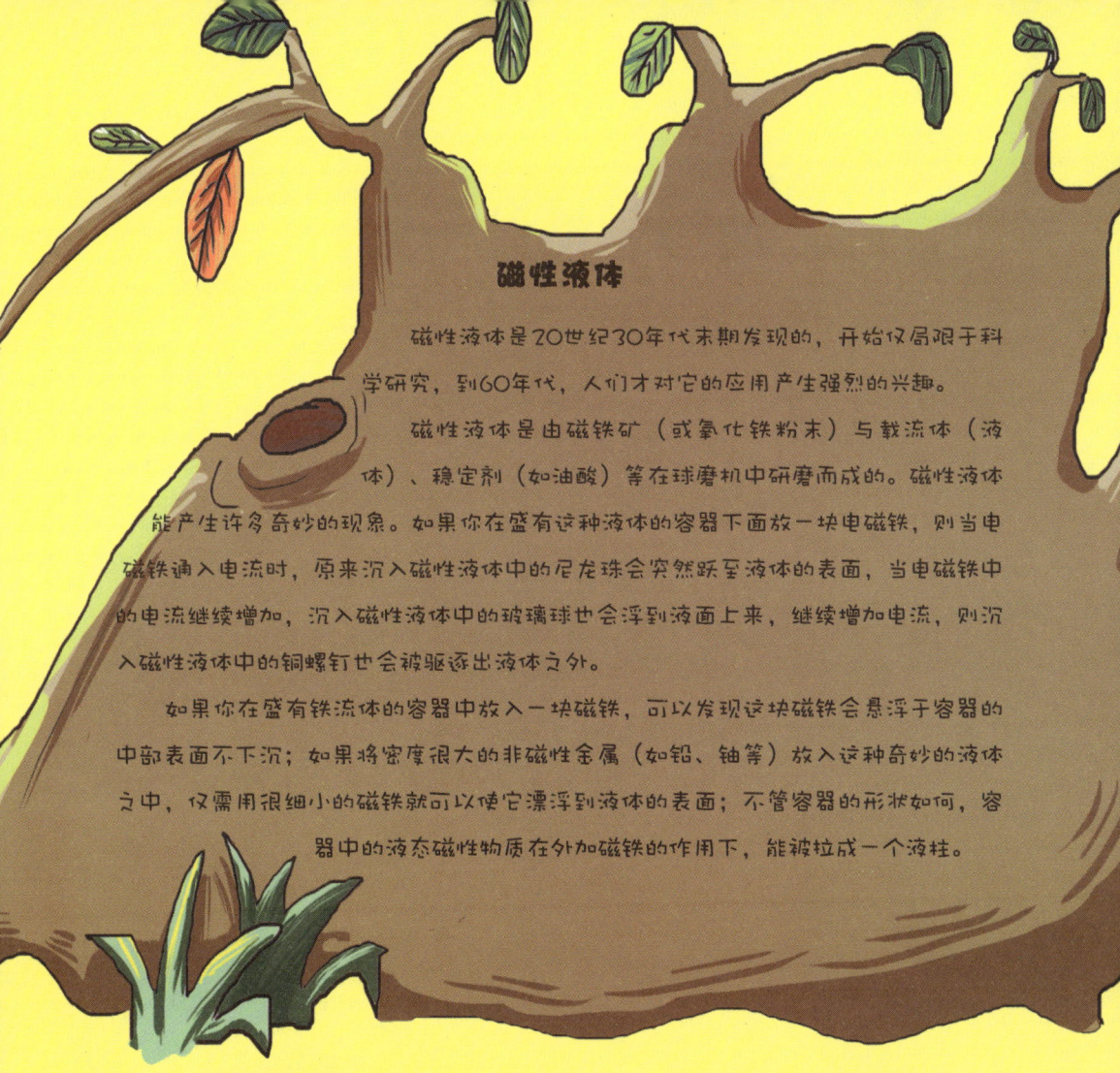

磁性液体

磁性液体是20世纪30年代末期发现的，开始仅局限于科学研究，到60年代，人们才对它的应用产生强烈的兴趣。

磁性液体是由磁铁矿（或氧化铁粉末）与载流体（液体）、稳定剂（如油酸）等在球磨机中研磨而成的。磁性液体能产生许多奇妙的现象。如果你在盛有这种液体的容器下面放一块电磁铁，则当电磁铁通入电流时，原来沉入磁性液体中的尼龙珠会突然跃至液体的表面，当电磁铁中的电流继续增加，沉入磁性液体中的玻璃球也会浮到液面上来，继续增加电流，则沉入磁性液体中的铜螺钉也会被驱逐出液体之外。

如果你在盛有铁流体的容器中放入一块磁铁，可以发现这块磁铁会悬浮于容器的中部表面不下沉；如果将密度很大的非磁性金属（如铅、铀等）放入这种奇妙的液体之中，仅需用很细小的磁铁就可以使它漂浮到液体的表面；不管容器的形状如何，容器中的液态磁性物质在外加磁铁的作用下，能被拉成一个液柱。

做完实验不一会儿，丹丹说脚疼，孔墨庄叔叔脱下她的鞋，告诉她鞋里有沙铁，一定是刚才皮皮不小心碰翻撒有沙铁的纸张时落进鞋里的，所以把脚硌疼了。丹丹委屈地点了点头。

有一天，孔墨庄叔叔又遇见了丹丹，见她愁眉苦脸的，便问她怎么了。丹丹捂着肚子说："我肚子里有沙铁……"

识别假币的专家

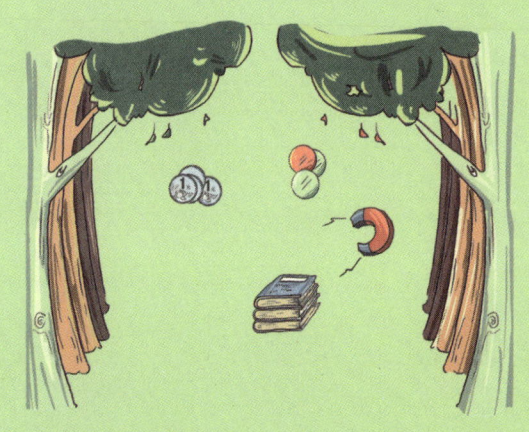

需要准备的材料：
☆ 四枚硬币
☆ 三个钢或铁垫圈
☆ 三本厚书
☆ 一块磁铁

◎ 实验开始：

1. 把两本厚书完全重叠在一起，平放在桌子上。再把另一本书斜靠在这两本书上，使第三本书形成一个斜坡；

2. 轻轻地把磁铁放到书做成的斜坡中央，如果磁铁较大，就把磁铁往书的一侧移一点，让斜坡上留下一些空的地方，可以让硬币滑下去；

3. 现在，你可以开始投币了。把垫圈和硬币一个接一个从书形成的斜坡顶上滑下去，看看会发生什么。

◎ 有趣的发现：

硬币从磁铁侧面滚落到桌子上，金属垫圈则全部被磁铁吸住了。

皮皮："真牛，吸力这么大啊！"

嘉嘉："大叔，为什么能吸住呢？"

孔墨庄叔叔："由于垫圈是由钢或铁制成的，所以磁铁会把它们留住。而硬币则是由没有磁性的合金做成的，所以磁铁不会吸住它们。今天，在许多商场或公共场所都会有自动出售饮料和汽水的自动贩卖机，贩卖机里面也会有这样的装置。它们同样利用磁铁来通过真正的硬币，留下铁制的假币。"

磁场惹的祸

传说,大海中有座岛屿,美人鱼在岛上唱歌迷惑过往的水手。谁要是听到美人鱼歌唱,就一定会被迷惑,等待他的就是船毁人亡。其实,大海中真的有一座岛,凡是靠近它的船只都会义无反顾地向它驶去,粉碎在岸边陡峭的礁石上。后来有一艘船在驶向小岛的时候,船长果断地下令弃船,船员们才得以坐着求生小艇生还。据生还者说,当时船上所有的罗盘都失灵了,船也失去了控制,不顾一切地撞向悬崖。

当然,这岛上根本没有什么美人鱼,却有另一样更致命的东西:磁场。原来岛上有许多磁性矿物质,使整座岛变成了一个大磁铁,铁壳的船只一靠近它,自然就会被它吸过去,而罗盘也就是指南针,在强磁场的干扰下也全部失灵。

皮皮手里捧着一把硬币,独自坐在椅子上,一脸郁闷。孔墨庄叔叔看见后,向他走了过来,问:"皮皮,你在干什么呢?"皮皮看了一眼孔墨庄叔叔,一脸哀怨地说:"我用吸铁石吸了一遍我这个星期的零用钱,结果十个硬币里面竟然有两个被吸住了,万恶的假币啊!"

陀螺的空中杂技

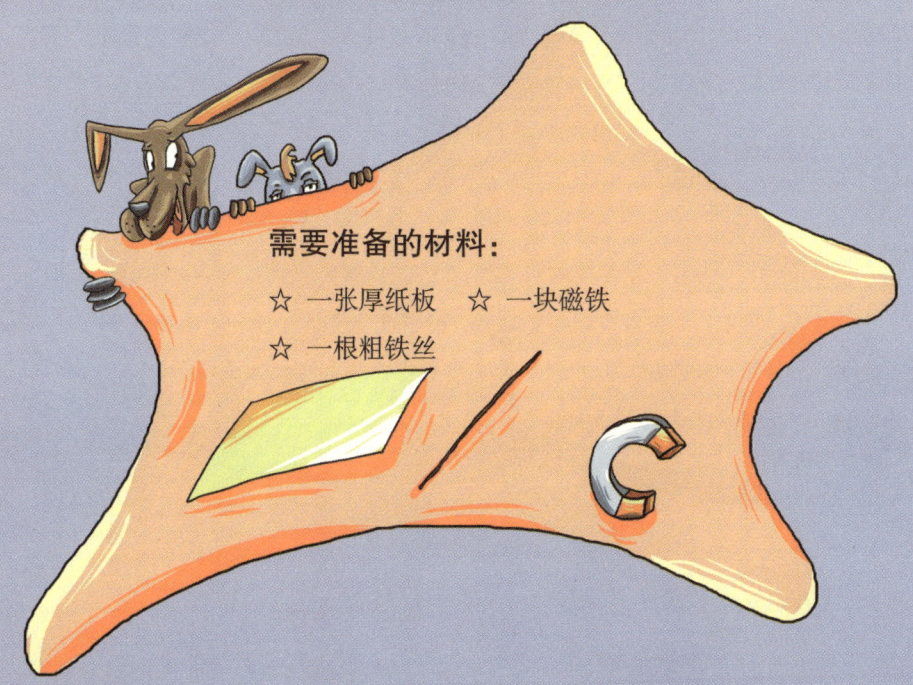

需要准备的材料：

☆ 一张厚纸板　☆ 一块磁铁
☆ 一根粗铁丝

◎ 实验开始：

1. 首先，你要制作一个可随意旋转的陀螺。剪下一段长约10厘米的粗铁丝，然后在其他硬物上把铁丝的一端磨尖，而把另一端磨得较平。在厚纸板上剪下一个直径约10厘米的圆形纸板，找出圆形纸板的中心点。把铁丝磨成的小棒从圆纸板的中心插下去，使纸板停在铁丝的中下部。这样，你的自制陀螺就做好了；

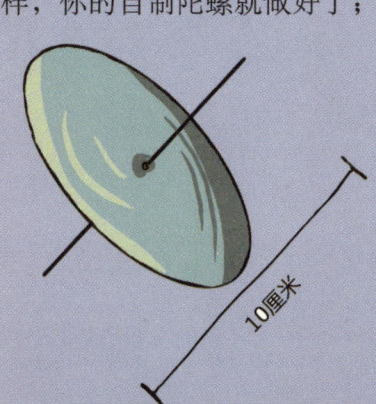

2．拿着做好的陀螺，用拇指和食指捏住顶端的小棒，再用力扭转陀螺，使它在桌面上快速旋转；

3．一只手拿着磁铁，以磁铁的一端靠近陀螺中间的小棒。如果没什么变化，就把磁铁再靠近一些，但千万别碰到陀螺。

◎ **有趣的发现：**

高速旋转的陀螺会被吸到磁铁上来。不过，陀螺没有停止旋转，仍然在空中不停地转动。

丹丹："太神奇了！为什么会这样呢？"

孔墨庄叔叔："我们知道磁铁的磁力会吸住所有铁制的物体，铁丝更不会例外。虽然磁铁把陀螺吸到了空中，但磁力并不会影响陀螺旋转的力，所以你们才会看到陀螺在半空中做出的精彩表演。"

磁铁吸引或排斥的物质

"吸铁石"能吸铁,这是众所周知的现象。但是,磁铁不仅能吸铁,而且能吸引很多别的东西。金属中除了铁,还有镍、钴以及某些合金,都能被磁铁吸引,只是被吸引的力比铁要小得多。还有一些物质,例如锌、铅、硫、铋等,性质特别,强大的磁铁对它们排斥。同样,液体和气体也有被磁铁吸引或排斥的性质。例如纯净的氧气就能被磁铁吸引,充氧气的肥皂泡和烛光火焰都能在强大磁力作用下改变形状。各种物质都具有不同程度的磁性,甚至植物也有顺着或逆着磁场生长的特性。

实验之后,嘉嘉和皮皮各自做了一个陀螺,比赛谁的陀螺转得快。他们一比就是一个多小时,孔墨庄叔叔走了过来,对他们说:"你们俩快歇一会吧!我看你们都快变成陀螺了。"

挑食的鸭子

需要准备的材料：
☆ 一个盆子 ☆ 一根粗针
☆ 一块面包 ☆ 一块磁铁
☆ 一些辣椒 ☆ 一块海绵泡沫
☆ 一根蜡烛 ☆ 一只玩具小鸭子

◎ 实验开始：

1. 找一根比较粗且长的针，用针尖和针头分别在磁铁的两端各摩擦50次；

2. 接下来，把摩擦过的针尖从鸭子的口里插入鸭子身上，让针头同鸭子嘴一样齐，看起来，针头就成了鸭子的舌头；

3. 插好后，再把鸭子放到盆子里的海绵上；

4. 在磁铁的一端绑上一小块面包，另一端绑上几只红辣椒；

5. 现在，把磁铁伸向水中的鸭子，看看你的鸭子喜欢吃面包还是辣椒。

◎**有趣的发现：**

当你把有面包一端的磁铁伸向鸭子时，鸭子就会向前靠近磁铁。但你把有辣椒的一端伸向鸭子时，它就会向后退开。如果相反，则发生的情况也恰好与上面的情景颠倒了过来。

皮皮："这只'鸭子'只'吃'一种食物，还真挑食！"

丹丹："大叔，这是怎么回事呢？"

孔墨庄叔叔："在你把针的两端都摩擦后，就使针也带上了同磁铁一样的磁性，并同样有两个不同的磁极。磁铁有一个特性，就是同性相互排斥，异性相互吸引。所以，如果你的针头上的磁性与磁铁上带面包的那一端相同，那么当面包靠近针头时，针头与磁铁就相互排斥，鸭子就被推开了。如果它们的磁性不同，则结果就相反。"

磁偏角

通过对地磁的测量可以发现，地理上的子午线与磁针轴线延长方向的地磁子午线并不一致，而是有一定的夹角，这个夹角叫作磁偏角。磁偏角是我国古代著名学者沈括首先发现的。如果我们带着指南针到各地旅行，那么就会发现磁偏角的大小是会随地点而发生变化的。在同一地点，地磁的磁偏角还会随时间的变化发生缓慢的变化。

孔墨庄叔叔正在教室里上课，面对乱哄哄的课堂，他气恼地说："你们看鸭子吃东西还挑剔呢，你们讲话就不能挑个合适的时间和地点吗？上课的时候就不要讲话了，你们说是不是啊？"

磁性传染病

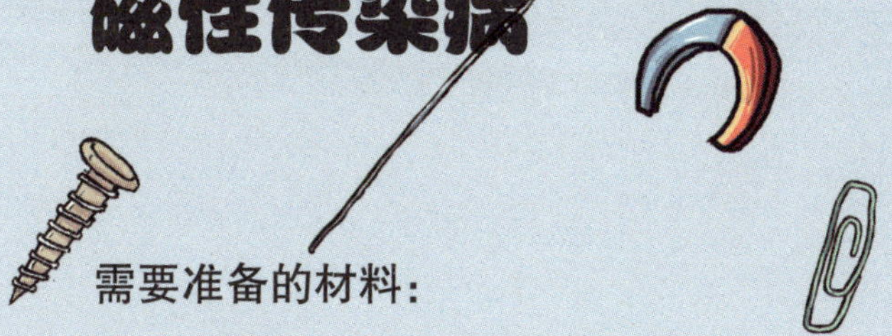

需要准备的材料：

☆ 一段铁丝
☆ 一枚铁钉
☆ 一枚磁铁回形针
☆ 一张白纸
☆ 一块磁铁
☆ 一桶铁砂

◎ 实验开始：

1．用磁铁吸住铁钉，再往铁钉下放一个回形针或别的铁制品。如果回形针被吸住，再加一些更轻的东西；

2．然后，拿一根铁丝，将铁丝放在马蹄形磁铁的两端，过几秒钟后取下铁丝，把铁丝的一端靠近白纸上的铁砂，看看出现什么现象；

3．再取回铁丝，将铁丝的两端各在磁铁的两端摩擦30～50次。把铁丝的一端靠近桌子上的铁砂，看看出现什么现象；

4．现在，用铁丝来吸钉子、大头针等铁制的东西。你也可以用铁钉、回形针等东西在磁铁上摩擦，然后用来相互吸引，注意观察摩擦后的物品会发生什么变化。

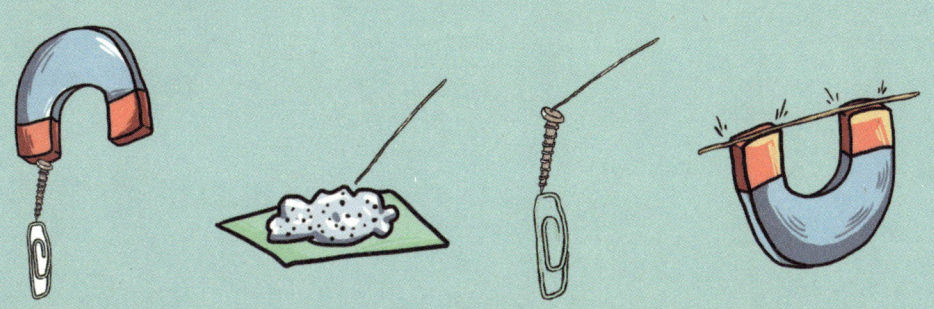

◎**有趣的发现：**

被磁铁吸起的东西，还可吸起另一些物体。放在磁铁上的铁丝，可以吸起一些铁砂；摩擦后的铁丝，可以轻易吸起许多铁砂。因为经摩擦后的铁制品磁性增强了。

嘉嘉："怎么会这样呢？"

皮皮："难道磁性也会传染？"

孔墨庄叔叔："没错，磁铁的这种磁性可以很容易地传递到别的铁制品上，这种现象叫作磁化。不过，被磁化的东西虽然可以具有磁性，但这种磁性却是暂时性，时间久了，这些物品就会失去磁力。"

磁化水

现代的人们越来越讲究健康饮食。就从饮水方面来说，饮用纯净水、磁化水的人越来越多。

磁化水就是经过磁场处理的水。经过磁场处理的水，它的物理、化学性质都会发生一系列的变化，如水分子氢键被破坏，长链水分子变为短链水分子和单个水分子，水的表面张力提高，溶解钙、镁盐类的能力增强，渗透压增高等。从而具有溶石、消炎、止痛、抑菌、杀菌、提高人体免疫功能的作用，所以磁化水对人体健康有很大的帮助。

一天，皮皮上课时竟然睡着了，被孔墨庄叔叔抓个正着。

孔墨庄叔叔问："上课时间睡觉被我发现，你还有什么好说的？"

皮皮委屈地说："您看，磁铁的磁性都可以很容易的传到别的铁制品上，瞌睡也是会传染的，刚刚我的精神还蛮好的，可是看见嘉嘉睡着了，不一会我就……就……也睡着了！"

孔墨庄叔叔说："原来嘉嘉也在偷偷睡觉，谢谢你的提醒，今天就罚你们俩下课打扫实验室。"

直立的圆珠笔

需要准备的材料：

☆ 一支旧牙刷
☆ 一把美工刀
☆ 一把小锯
☆ 一个电吹风（也可用煤气炉代替）
☆ 一瓶强力胶水
☆ 两块小磁铁
☆ 一块有机玻璃

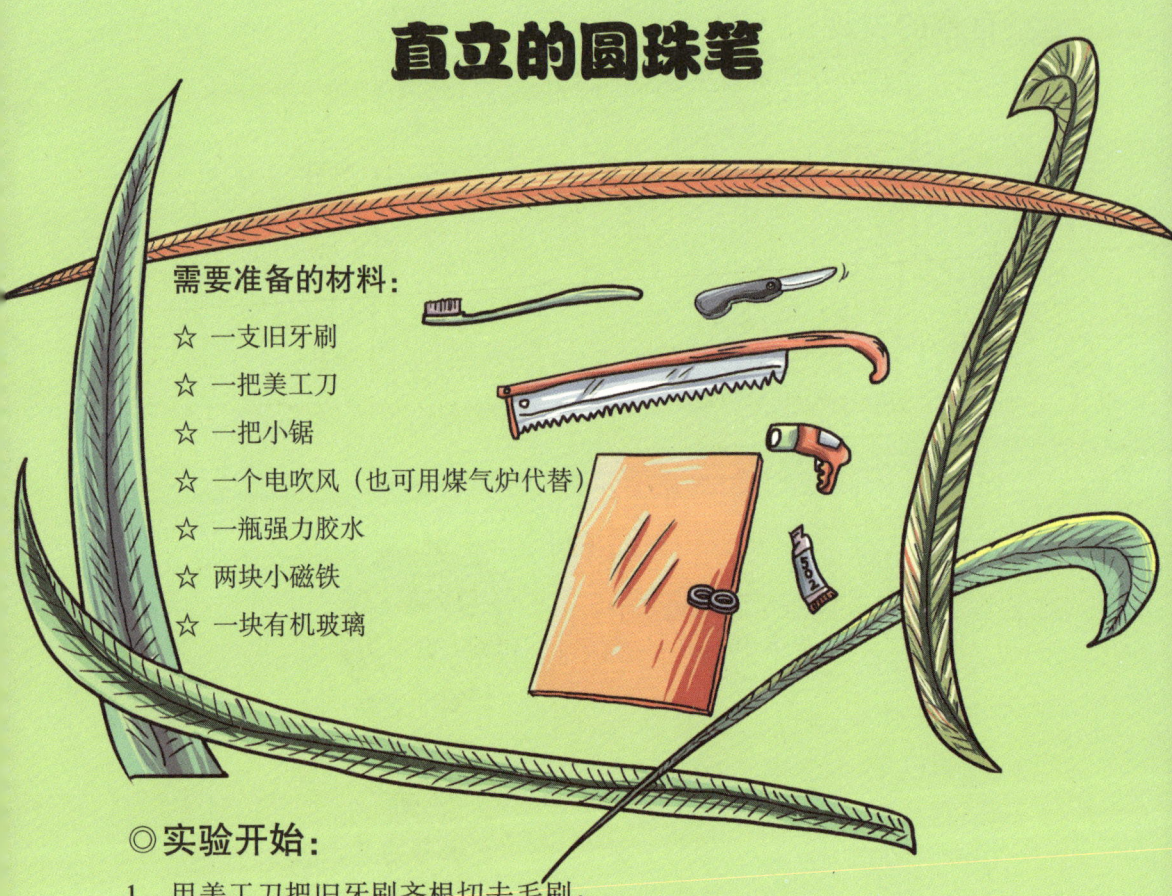

◎ 实验开始：

1．用美工刀把旧牙刷齐根切去毛刷；

2．在锯掉牙刷柄尾部有孔的一段后，磨平截面；

3．在距头部25毫米的地方用电吹风加热，使牙刷柄软化后弯成直角，然后在弯折的指定位置用强力胶水固定一块小磁铁；

4．将有机玻璃边缘磨光，做笔架的底板；

5．把做好的笔架用强力胶水固定在底板中央；

6．再沿着笔架顶端磁铁中心位置，在底板与磁铁中心垂直对应的位置钻一个2毫米的凹孔；

7．在圆珠笔顶端用强力胶水粘上一块小磁铁，要求笔架和笔上的磁铁粘接面的极性相同；

8．把圆珠笔直立，使笔尖插在底板的凹孔里。

◎有趣的发现：

圆珠笔就会摇摇晃晃地站在笔架前面了。

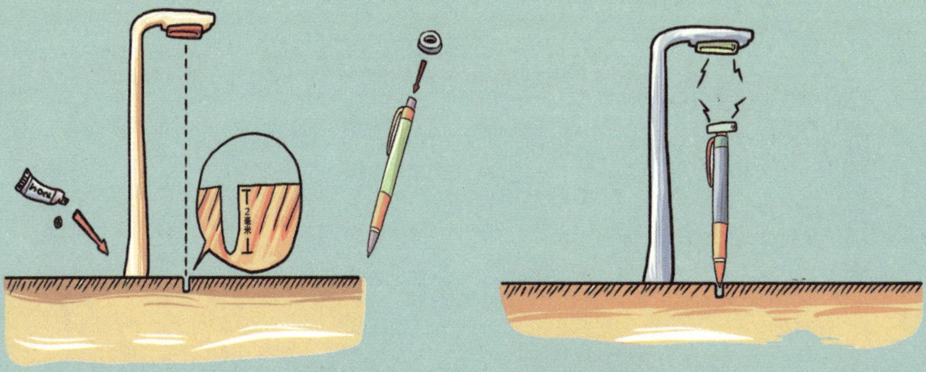

皮皮："圆珠笔为什么能站在笔架前面呢？"

孔墨庄叔叔："这个实验的原理其实很简单，因为笔架和笔杆顶上的小磁铁极性相同，同性相斥，于是圆珠笔就被'钉牢'在底板上了。"

静电喷漆

静电喷漆可以节约油漆，提高工效，改善劳动条件，保障工人健康，实现劳动自动化。其原理是在喷杯和产品之间加一个高压电源。喷杯接电源负极，产品接电源正极。在喷杯和产品之间就会产生一个强电场。油漆在高速旋转的喷杯中喷出时，被打成雾状的微粒。雾状的油漆微粒带负电，而产品带正电。在电场力的作用下，带负电的油漆微粒会直奔带正电的产品而不会飞散到空气中去，使产品表面很快就附上一层漆。既节约油漆，也不会导致空气污染，还可以减缓工人的劳动强度，提高工作效率。

嘉嘉一脸感慨地对孔墨庄叔叔说："这个世界真是神奇，存在这么多神奇的物质和力量，做了这些实验之后，我觉得自己简直被带进了另一个世界！"

孔墨庄叔叔满意地点点头，说："哈哈！那你可得继续好好学习，我们现在接触的知识只是冰山一角，还有更奇妙深奥的知识等着你们去探索呢！"

磁铁切断以后

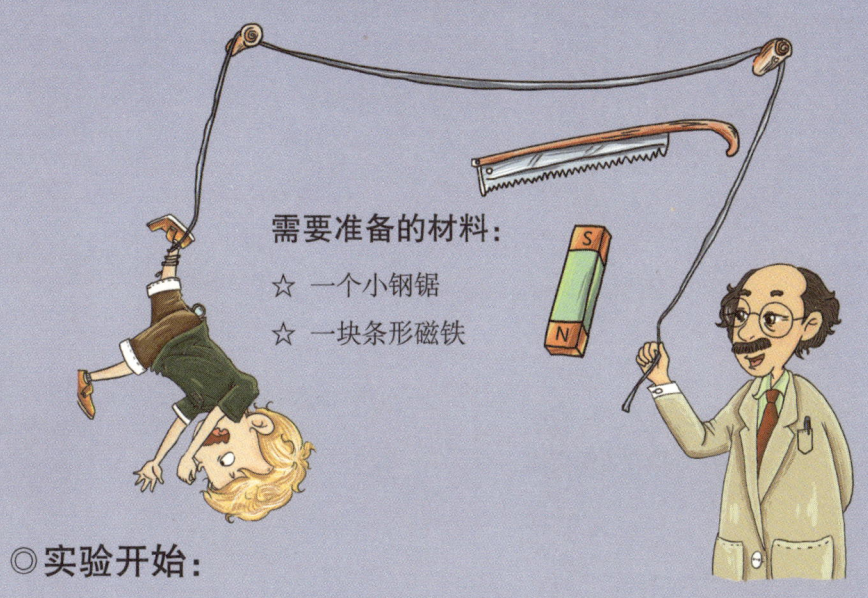

需要准备的材料：
☆ 一个小钢锯
☆ 一块条形磁铁

◎ 实验开始：

1. 用一个小钢锯把条形磁铁锯成等长的三段，把三块磁铁按未锯断以前的位置，一块挨一块地摆好。这时，你会发现什么现象；

2. 把两头的两块磁铁往两端移开、调头，使没锯以前的磁铁的南极和北极对着中间那块，将它们再向中间那块靠拢。这时，你会发现什么现象；

3. 轮流拿出三块磁铁中的每一块，首先让它的一端，与锯片靠近，距离为5毫米；然后又让另一端与锯片靠近，距离为5毫米。在这两种情况下，你会发现什么现象？

◎**有趣的发现：**

你会发现，当你第一次那么摆放时，它们相互吸引；当你第二次那么摆放时，中间那块排斥两端的磁铁；当你第三次那么摆放时，锯片受到了磁铁的吸引。

皮皮："切断的条形磁铁可真神奇！"

丹丹："它们为什么会这样呢？"

孔墨庄叔叔："当你切断或折断一根磁铁时，断口那端就会变为与磁铁另一端的极性相反的磁极。当你把一块磁铁分成三段，断口处的两块小磁铁的极性是相反的，所以它们互相吸引。将两头的小磁铁掉头后，相对的磁极就会变成相同的，所以它们会互相排斥。每一块小磁铁都有自己的磁性，所以会吸引锯片。"

钟表不要放在磁场附近

如果把铜之类的金属放在强磁铁附近，就会磁化。磁铁的性质是把铜等磁化并使其变成磁铁。我们知道，有的东西容易磁化，有的东西不易磁化。铁、镍等容易磁化，铜、铝等不容易磁化。

钟是由多种金属制成的，有铁合金，有铜合金，以及其他各种各样的金属。其中有的金属容易受磁铁的影响。如果驱动摆轮的螺旋弹簧被磁化，钟表就不能准确地走时，钟表计时就不准确了。因此，我们不要把钟表放在具有强磁场的扬声器等器件的附近。

一天早上，嘉嘉准时起床了，他匆匆洗漱好，打算等皮皮一起吃早饭，可是迟迟不见皮皮来餐厅。他就去叫皮皮，来到房间才发现他还没起床呢。嘉嘉立马弄醒了他，很诧异地问他："怎么还不起床？上学快要迟到了！"皮皮说："我刚看了时间，还早着呢。"他还把手表拿给嘉嘉看，嘉嘉看了一下他的手表又看了一下自己的手表，并环顾了一下四周，发现床边的小桌子上，也就是皮皮手表的旁边放了一块磁铁。于是他拿起磁铁，笑着跟皮皮说："你看这是什么？"这时皮皮想起来磁铁是会影响手表的计时的。

吸引回形针的铁钉

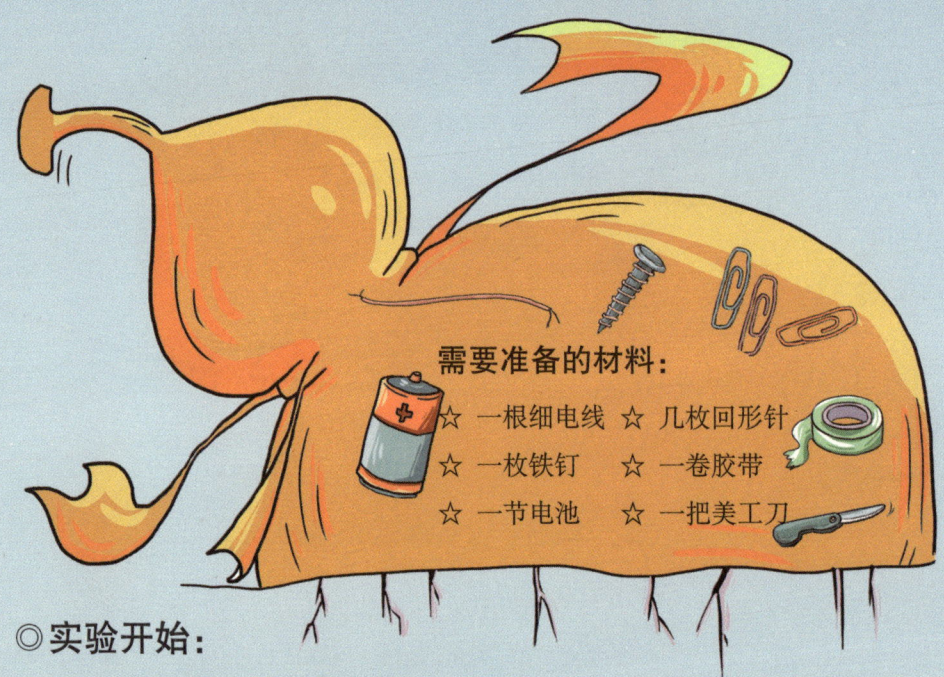

需要准备的材料：
☆ 一根细电线 ☆ 几枚回形针
☆ 一枚铁钉   ☆ 一卷胶带
☆ 一节电池   ☆ 一把美工刀

◎ 实验开始：

1. 将电线的两头用小刀刮去塑料外皮，将电线在钉子上绕十多圈；

2. 用胶带将电线的两端固定在电池的两端。通电时间不要太长，以免损坏电池；

3. 将大铁钉凑近回形针，观察一下会有什么现象发生；

4. 切断电源，再观察一下会有什么现象发生。

◎ 有趣的发现：

将铁钉凑近回形针，回形针被吸上来了；切断电源，回形针纷纷落下。

嘉嘉："铁钉为什么会吸引回形针呢？"

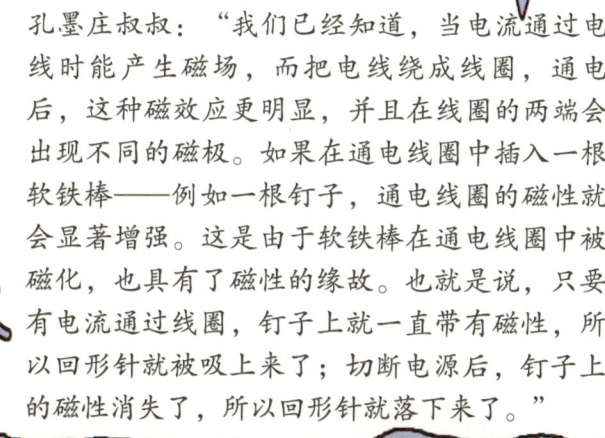

孔墨庄叔叔："我们已经知道，当电流通过电线时能产生磁场，而把电线绕成线圈，通电后，这种磁效应更明显，并且在线圈的两端会出现不同的磁极。如果在通电线圈中插入一根软铁棒——例如一根钉子，通电线圈的磁性就会显著增强。这是由于软铁棒在通电线圈中被磁化，也具有了磁性的缘故。也就是说，只要有电流通过线圈，钉子上就一直带有磁性，所以回形针就被吸上来了；切断电源后，钉子上的磁性消失了，所以回形针就落下来了。"

电磁铁躲避磁性水雷

磁性水雷漂浮在海水中,当船从水雷附近经过时,船上的金属就会被水雷中的灵敏磁针探测到,这种能摆动的磁针就像电路开关的可动部分。如果附近的船只使磁针摆动,水雷的电路开关就会闭合,来自电池的电流就会流经电雷管,使水雷发生爆炸,导致船只受损甚至沉没。

水雷之所以会被引爆,是因为船只长期暴露于地磁场中,已经被磁化为一个大磁铁。合理利用电磁铁就可以在战争中保护船只,躲避磁性水雷。人们只要在船身周围环绕上能够产生与船只磁场方向相反磁场的消磁电缆,就可以使问题得到解决。

有一次,孔墨庄叔叔喝醉了回家,看到客厅墙上一个黑色的点,以为是钉子,顺手把衣服挂在上面,谁知竟是只苍蝇。孔墨庄叔叔生气地在那里钉上一颗钉子,以示警戒。过了些日子,孔墨庄叔叔又喝醉了回家,看到墙上黑点,以为还是苍蝇,于是就轻轻走过去,用手猛地一拍,"啊!"声音那个凄惨呦。

灯泡为何时亮时不亮

需要准备的材料：

☆ 两节干电池
☆ 两根电线
☆ 一卷胶带
☆ 一个小灯泡

◎ 实验开始：

1. 将电线两端的塑料外皮剥去，分别把两根电线的一端用胶布固定在一节电池的正、负极上；

2. 两根电线的另外一端也用胶带固定在灯泡的螺丝部分和底部，然后看看灯泡有什么变化；

3. 如果步骤1不变，把两根电线的另外一端都用胶带固定在灯泡的螺丝部分，看看灯泡有什么变化；

4. 如果步骤2不变，把两根电线的一端用胶布固定在一节电池的正极上，看看灯泡有什么变化。

◎有趣的发现：

第一次连接好后，灯泡亮了；第二次、第三次连接好后，灯泡不亮。其实，灯泡和干电池在不同的连接法下，有的会亮，有的不亮，都试试看吧。

皮皮好奇地问："灯泡为什么有时亮，有时不亮呢？"

孔墨庄叔叔说："干电池有正和负两极，如果我们用导线连接两极时，电就可以借此流通。这种电流通的通道，我们称之为电路。当我们把小灯泡放在和电池两极相连的导线之间的时候，由于电流从正极流向负极，形成了电路，因此小灯泡就会亮起来。第一次就是这种情况，所以灯泡亮了。如果我们没有把小灯泡放在和电池两极相连的导线之间，整个电路就会在某处断开，形成了断路，第二次、第三次就是这种情况，所以灯泡不亮。"

重要的电

电是现代社会不可缺少的一种能源，它为我们照明，为各种机器的运转提供能量。可以说，几乎每家每户都有电器，它们方便了我们的生活。如果日常生活中没有了电，那么到了夜晚就漆黑一片，各种电器也不会被发明出来了，更不会给人们带来什么方便。可见，电在日常生活中的地位是多么重要。

隔房传声的小话筒

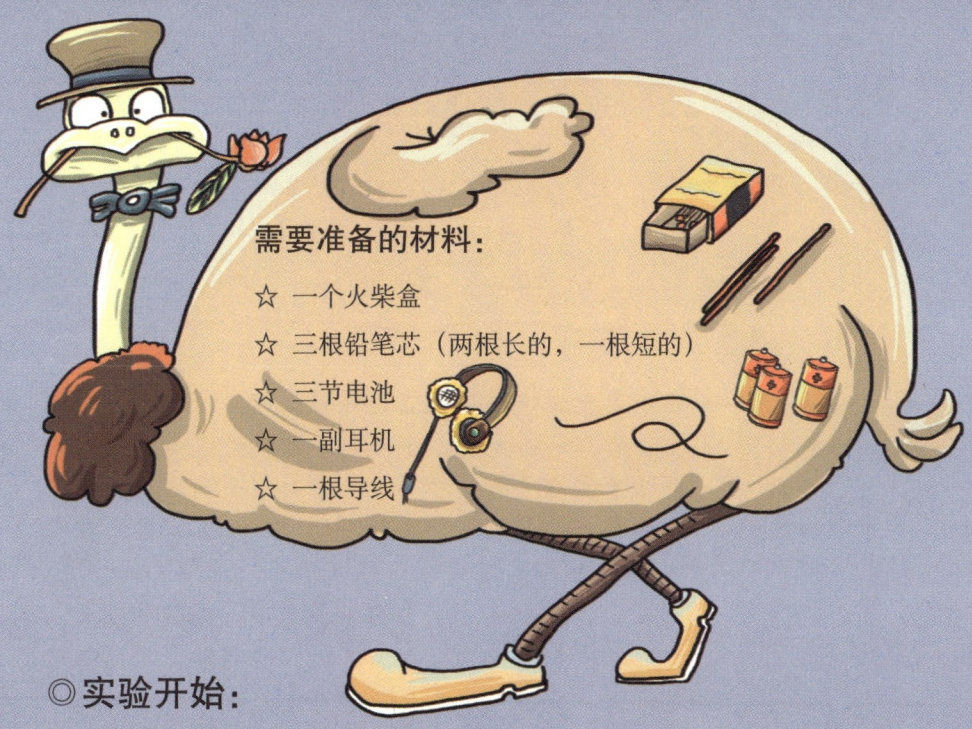

需要准备的材料：

☆ 一个火柴盒
☆ 三根铅笔芯（两根长的，一根短的）
☆ 三节电池
☆ 一副耳机
☆ 一根导线

◎实验开始：

1. 在一个火柴盒上插入两根铅笔芯，笔芯的上面削凹一点儿，以便在上面横搭一根短铅笔芯；

2. 然后用导线把火柴盒内的两根笔芯分别与隔壁房间的电池及耳机（最好用电话耳机）连接起来；

3. 这时把火柴盒平放，一个人对着盒内小声说话，你在隔壁房间通过耳机能听到吗？

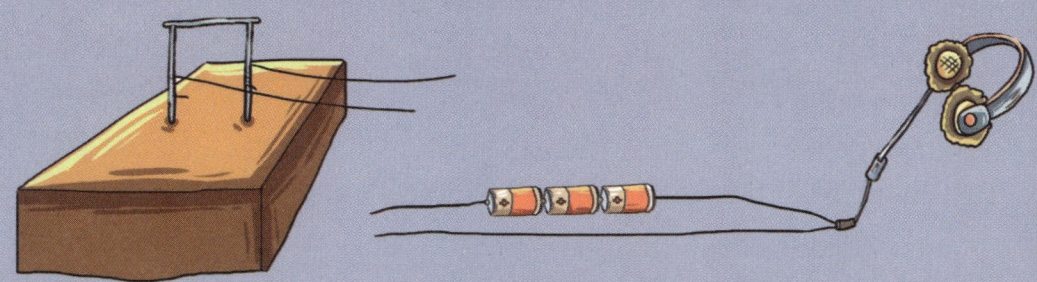

◎ **有趣的发现：**

通过耳机，你在隔壁房间就可以清楚地听到同伴的声音。

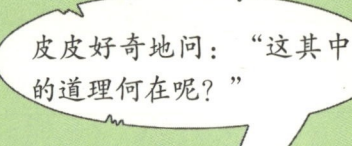

皮皮好奇地问："这其中的道理何在呢？"

孔墨庄叔叔说："其实原理很简单，因为上下炭棒相接处有一些电阻，当我们对着炭棒说话时上面的炭棒受到声波的'冲击'，它对下面炭棒的压力便随着声波而变化，因而接触处的电阻也会相应变化。声压高（空气密）压力大，电阻小，电流就大；反之声压低（空气稀）压力小，接触电阻大，电流就小。这样一来电流的大小就随着声音而变化了，这种随着声音而变化的电流流经耳机（听筒）时就复原成声音了。"

电话的发明

一提起电话人们马上会想到发明电话的是美国人贝尔。其实，早于他15年，德国人莱斯就发明了电话。只是这个电话还没有脱离玩具的领域，远没有达到实用的程度。

莱斯的电话机不久传到了美国，引起了美国物理学家贝尔的注意，他在莱斯的基础上进行改进，并使之趋于实用化。1876年2月14日，贝尔到专利局申请电话专利。贝尔的电话成功了，与他合作还有另外一个人叫沃森。贝尔和沃森又继续改进，解决了信号长距离传送的技术问题。